LES

LÉPIDOPTÈRES DE L'EUROPE.

PREMIÈRE SÉRIE.

ESPÈCES OBSERVÉES EN BELGIQUE.

(Ouvrage publié sous les auspices du Gouvernement belge.)

OUVRAGES DE M. ALPHONSE DUBOIS.

Traité d'Entomologie horticole, agricole et forestière. — Exposé méthodique des insectes nuisibles ou utiles, comprenant leur description, l'histoire de leurs mœurs et de leur propagation, et les moyens à employer pour détruire ceux qui nuisent aux végétaux cultivés. 1 vol. in-8° avec pl. col. (*Épuisé*). Gand, 1865. (Ouvrage couronné par la *Fédération des Sociétés d'Horticulture de Belgique* et par l'*Académie nationale de Paris*).

Archives Cosmologiques. — Revue des sciences naturelles. 1 vol. in-8° avec pl. col. Bruxelles, 1867.

Les Oiseaux de l'Europe et leurs œufs (*espèces non observées en Belgique*). — 2 vol. in-8°, avec 317 pl. col. Bruxelles, 1864-72.

Conspectus systematicus et geographicus avium Europæarum. — Brochure in-8° de 35 pages. Bruxelles, 1871.

Histoire populaire des Animaux utiles de la Belgique. — 1 vol. in-12, illustré. Bruxelles, 1873. (Ouvrage couronné par les *Sociétés Protectrices des animaux de Bruxelles et de Paris* ainsi que par la *Société d'Acclimatation de Paris*).

Bruxelles. — Imprimerie Adolphe Mertens, rue de l'Escalier, 22

LES

LÉPIDOPTÈRES

DE LA BELGIQUE,

LEURS

CHENILLES ET LEURS CHRYSALIDES

DÉCRITS ET FIGURÉS D'APRÈS NATURE

PAR

Ch.-F. DUBOIS,

MEMBRE HONORAIRE DE PLUSIEURS SOCIÉTÉS SAVANTES.

ET

Alphonse DUBOIS Fils,

DOCTEUR EN SCIENCES NATURELLES, CONSERVATEUR AU MUSÉE ROYAL D'HISTOIRE NATURELLE DE BELGIQUE,
MEMBRE HONORAIRE, CORRESPONDANT OU EFFECTIF DE PLUSIEURS SOCIÉTÉS SCIENTIFIQUES.

TOME PREMIER

AVEC 123 PLANCHES.

BRUXELLES — LEIPZIG — GAND

LIBRAIRIE C. MUQUARDT, MERZBACH ET FALK SUCCRs.

1874

RÉGIONS ENTOMOLOGIQUES DE LA BELGIQUE.

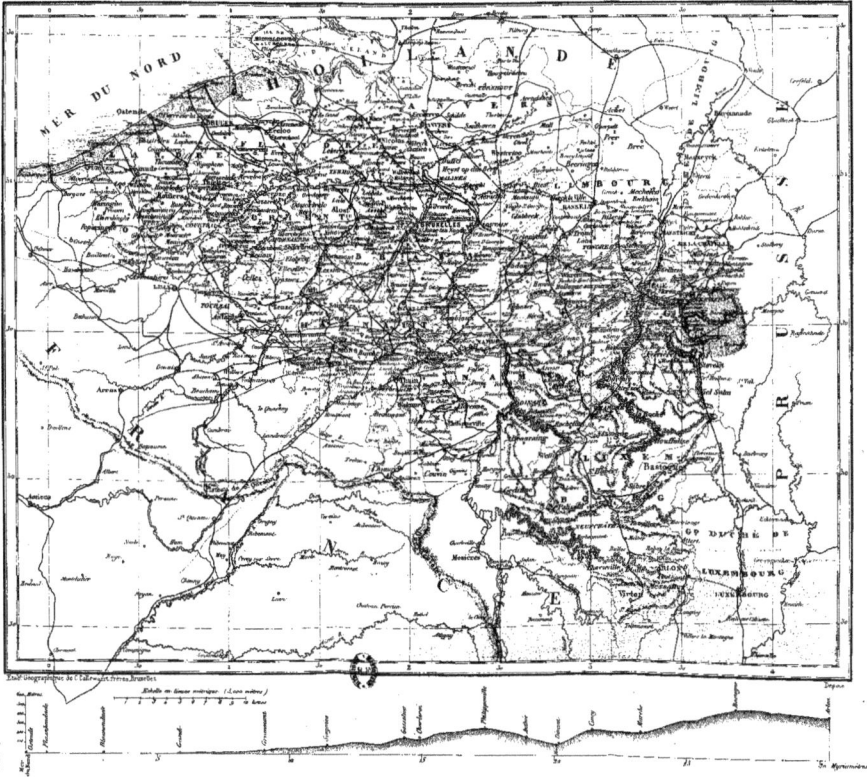

PRÉFACE

Le but que l'auteur primitif avait en vue, en commençant cet ouvrage, était de donner une histoire naturelle complète et illustrée de tous les Lépidoptères de l'Europe. Il divisa la publication en deux séries; la première, comprenant toutes les espèces observées en Belgique, formera à elle seule un ouvrage national complet; la deuxième série viendra plus tard compléter la première, en donnant les autres espèces de la faune européenne.

A la mort de notre père (1), nous nous sommes efforcé de continuer son œuvre sans rien changer au plan général, si ce n'est la classification.

Lors de la publication du *Catalogue des Lépidoptères de l'Europe* par le docteur Staudinger, la Société entomologique belge s'empressa de classer ses collections d'après cet auteur; cet exemple fut bientôt suivi par la plupart des lépidoptérologistes du pays. Devant une décision aussi unanime, nous nous sommes vu

---

(1) Charles-Frédéric Dubois est décédé à Bruxelles le 12 novembre 1867. Il était né à Barmen (Prusse) le 28 mai 1804.

moralement obligé de suivre la même classification, bien que nous n'en soyons pas fort partisan.

Afin d'éviter la confusion qui pourrait naître par la mise en présence de deux systèmes, nous avons cru indispensable de donner à la fin de chaque description générique (1), la liste des espèces indigènes d'après le catalogue de M. Staudinger, et entre parenthèses, le nom sous lequel l'espèce figure dans le présent ouvrage (2). Nous engageons donc le lecteur à consulter cette liste pour le classement de ses collections.

Les spécialistes nous reprocheront peut-être de ne pas avoir donné les descriptions spécifiques. Mais nous avons cru la chose superflue, puisque chaque espèce est figurée avec soin dans ses différents états, et qu'il est beaucoup plus facile de déterminer un papillon ou une chenille d'après un dessin colorié que d'après la meilleure description. Chaque fois, cependant, que la confusion entre deux espèces est possible, nous indiquons les caractères distinctifs de chacune d'elles.

Depuis 1868, nous dessinons et lithographions nous-même nos planches. Tous nos dessins sont faits sur nature, et lorsque nous sommes obligé d'emprunter à un auteur la figure d'une chenille rare, nous mentionnons l'ouvrage que nous avons consulté. Quelques espèces ont été représentées sans les chenilles et les chrysalides, soit parce que les premiers états de l'insecte ne sont pas connus, soit parce qu'il nous a été impossible de nous les procurer. Nous comptons cependant donner à la fin du dernier volume, une ou deux planches supplémentaires, représentant les chenilles et les chrysa-

---

(1) Voir la dernière partie de l'*Introduction*.

(2) Depuis la publication de la 2e éd. du Catalogue mentionné ci-dessus, nous avons donné directement les dénominations admises par M. Staudinger.

lides connues qui n'auront pas été figurées avec l'insecte parfait. Dans ce but, nous prions les entomologistes et les amateurs de bien vouloir nous communiquer les chenilles qu'ils pourraient trouver, et qui n'auraient pas été représentées dans notre ouvrage. Le nom des personnes qui nous viendront ainsi en aide, paraîtra sur une liste spéciale.

Quant à la distribution géographique des espèces, elle est donnée d'une manière aussi détaillée que possible, car cette partie de la science est devenue de nos jours l'un de ses points essentiels. La synonymie a également été l'objet de tous nos soins.

Notre introduction comprend : 1° un résumé sur l'organisation des Lépidoptères ; 2° un aperçu sur la répartition géographique des espèces indigènes ; 3° l'histoire de la lépidoptérologie depuis les temps les plus reculés jusqu'à nos jours, avec indications bibliographiques ; 4° les descriptions des familles et des genres qui ont des représentants en Belgique.

Cette introduction paraîtra peut-être banale à certains spécialistes et trop minutieuse, par contre, à ceux qui ne se livrent pas exclusivement à l'étude de la science. Mais, par le mode de publication adopté, nous avons été contraint de faire un peu la part de chaque catégorie de lecteurs.

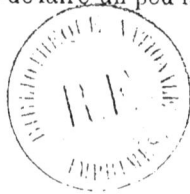

Ixelles, Février 1874.

TABLE SYSTÉMATIQUE DES ESPÈCES
figurées dans le tome 1er.

RHOPALOCÈRES.

(*) Les noms entre parenthèses sont ceux nouvellement admis.

HÉTÉROCÈRES.

FAM. IX. — SPHINGIDÆ.

INTRODUCTION

L'Insecte. — On entend par *Insecte*, tout animal articulé qui, à l'âge adulte, a une respiration trachéenne, un corps composé de trois régions distinctes (tête, thorax et abdomen), et dont la région moyenne ou thoracique donne attache à trois paires de pattes, et généralement à deux paires d'ailes. Ce qui en outre caractérise l'Insecte, c'est qu'il ne parvient à son état parfait qu'après avoir subi deux métamorphoses ; il présente par conséquent dans sa vie, indépendamment du temps passé dans l'œuf, trois périodes distinctes, caractérisées: la première, par l'accroissement de l'individu, la deuxième, par les métamorphoses, et enfin la troisième, par la propagation de l'espèce.

Cette définition se rapporte d'une manière rigoureuse à toute la classe des insectes, dont les Lépidoptères font naturellement partie.

Depuis Linné, tous les entomologistes ont donné le nom de *Lépidoptères*, aux insectes pourvus de quatre ailes couvertes de petites écailles tellement fines qu'elles ressemblent à de la poussière. Fabricius désigne ces insectes sous le nom de *Glossates*, et Clairville les nomme *Lépidioptères*. L'épithète de *papillon* ne peut réellement s'appliquer qu'aux espèces du genre *Papilio*, mais on désigne généralement sous ce nom tous les Lépidoptères diurnes.

La science qui traite de l'étude des Lépidoptères s'appelle *Lépidoptérologie*.

Des divisions du corps. — Dès leur sortie de l'œuf, les chenilles présentent un corps divisé en douze segments ou anneaux. Chez toutes les chenilles, en effet, on distingue sans peine la tête puis trois segments qui portent toujours chacun une paire de pattes écailleuses, et enfin neuf autres, qui tantôt portent des pattes membraneuses, tantôt en sont dépourvus.

Après la chrysalidation de la chenille, les anneaux sont encore simples, mais n'ont plus conservé la même grandeur relative. Ceux qui portaient les pattes écailleuses ont acquis un volume considérable, tandis que les autres ont perdu une grande partie de celui qu'ils avaient. A l'état parfait, les proportions relatives des anneaux sont encore plus altérées, et le corps ne paraît plus composé du nombre primitif de segments, mais partagé en trois régions distinctes qui n'ont aucune analogie entre elles, et qui sont: la *tête,* le *thorax* et l'*abdomen.*

De la tête. — La tête se présente sous la forme d'une boîte d'une seule pièce, offrant ça et là quelques sutures plus ou moins marquées. Elle est munie antérieurement d'une ouverture dans laquelle sont placés les organes buccaux, dont nous parlerons plus loin; d'autres ouvertures servent à loger les yeux et les antennes, et en arrière se trouve le trou occipital. Chez tous les Lépidoptères la tête est unie au thorax, sans que ce dernier forme un cou.

Les *antennes*, vulgairement désignées sous le nom de cornes, consistent en deux appendices mobiles, articulés, de forme variable, dans lesquels on distingue souvent trois parties, savoir: le *scapus* ou article basilaire, la *tige* et la *massue.* Chez les Bombycides, chaque sexe présente une forme particulière d'antennes, et les mâles sont facilement reconnaissables aux nombreux rameaux qui garnissent ces organes.

Du thorax. — Le thorax se compose de trois segments, qui correspondent aux trois anneaux pourvus de pattes écailleuses chez les chenilles. Le premier, qui vient immédiatement après la tête, est le *prothorax*, le second, le *mésothorax*, et le troisième, le *métathorax*.

Chez les Lépidoptères, le mésothorax forme la pièce principale, et son développement énorme a dû nécessairement influer sur le prothorax et le méthatorax, mais surtout sur le premier, qui se réduit à un anneau étroit.

Ces différentes parties du thorax se subdivisent encore en plusieurs pièces, mais sans grande importance chez les insectes dont nous nous occupons, parce qu'elles sont en grande partie, et souvent totalement, cachées par des poils, et qu'il est ainsi assez difficile de les examiner avec soin.

Des organes de la locomotion *1° Des ailes.*—Tous les Lépidoptères, sauf quelques femelles aptères, jouissent de la faculté du vol. Leurs ailes sont toujours au nombre de quatre : deux antérieures et deux postérieures. Ces organes sont formés de deux membranes transparentes, appliquées l'une contre l'autre, qui enveloppent les lignes saillantes. Il est assez facile de séparer ces deux membranes quand l'insecte vient de sortir de sa crysalide, et que ses ailes sont encore molles, humides et chiffonnées.

Les lignes saillantes qu'on aperçoit sur les ailes ont reçu le nom de *nervures*. Ce sont de véritables tubes, qui prennent naissance à la base des ailes et qui s'amincissent graduellement jusqu'à leur extrémité. Dans leur intérieur, les nervures contiennent chacune un vaisseau roulé en spirale, qui n'est autre chose qu'une trachée venant de l'intérieur du thorax, et se prolongeant jusque dans leurs plus petites ramifications. C'est au moyen de ces trachées, qu'au moment de l'éclosion du papillon, l'air pénètre dans l'intérieur des ailes qui sont alors plissées et très-petites.

Avant d'entrer dans les détails qu'exige la nervation des ailes, il est nécessaire de faire connaître les noms que l'on a appliqués aux différentes parties de ces organes ; nous donnerons en même temps

ceux sous lesquels on désigne les différentes formes et la position
des ailes.

La partie de l'aile qui s'articule avec le thorax est la *base*; la
partie opposée s'appelle *sommet, angle externe* ou *angle antérieur*; au-dessous de celui-ci se trouve l'*angle interne* ou *postérieur*,
qui, dans les secondes ailes, prend le nom d'*angle anal*.

On appelle *bord externe, bord antérieur* ou simplement *côte*,
le bord placé entre la base et l'angle externe; celui situé à la partie opposée, qui s'étend de la base à l'angle interne, a reçu le nom
de *bord interne*; enfin celui qui part du même angle, et va rejoin-
dre le sommet de l'aile, a reçu le nom de *bord postérieur*.

Quant à la forme des ailes, elle diffère considérablement suivant les espèces : on en voit de rhomboïdales, de deltoïdes, de
falquées, d'acuminées, etc.; leurs bords sont crénelés, dentelés,
échancrés, frangés, laciniés, etc. Chez beaucoup de Lépidoptères
rhopalocères, les bords internes des ailes postérieures s'avancent
sous l'abdomen et forment une sorte de gouttière dans laquelle se
loge ce dernier. D'après la position que prennent les ailes pendant
le repos, elles sont dites : incombantes (ex. un grand nombre de
phalènes et de noctuelles), roulées (quelques tinéides), étalées (*Saturnia*), redressées (*Vanessa*), demi-étalées (*Hesperia*), conniventes
(la plupart des nymphalides), divariquées (*Papilio*), reverses (*Lasiocampa quercifolia*).

Revenons maintenant à la nervation. Les nervures sont ordinairement au nombre de quatre, rarement de cinq. La nervure
costale longe le bord extérieur et se termine sur la côte avant d'atteindre le sommet; chez les Satyrides, elle offre à sa base un ren-
flement vésiculeux propre à cette tribu.

La *sous-costale* est très-rapprochée de la précédente, et se soude
le plus souvent avec elle ou avec l'un de ses rameaux, comme cela
se voit dans les *Melitœa* et les *Argynnis*. Avant d'atteindre le
bord de l'aile, la sous-costale envoie trois ou quatre rameaux,
très-rapprochés l'un de l'autre, et qui remontent vers le bord ex-

terne; quelques-uns d'entre eux se ramifient parfois eux-mêmes, ce qui s'observe chez les *Satyrus*.

La troisième nervure ou la *médiane*, naît du même point que la précédente, avec laquelle elle se confond à la base, et fournit trois ou quatre rameaux qui gagnent, sans se ramifier, l'extrémité de l'aile. Quelquefois, en outre, elle envoie sur son côté antérieur un rameau recurrent qui s'unit, en formant un angle plus ou moins aigu, avec un rameau pareil qu'envoie la sous-costale à son côté inférieur, de sorte qu'il existe entre ces deux nervures un grand espace triangulaire ou rhomboïdal, qui constitue une véritable cellule, que Lacordaire considère comme représentant la *cellule discoïdale* des Hyménoptères. Cette cellule s'observe chez beaucoup de Lépidoptères (*Papilio, Pieris*, etc.). Chez les Lycénides, le double rameau recurrent n'existe plus, et la cellule est alors dite *ouverte*.

La nervure *sous-médiane* n'existe guère que chez les *Zygœna*, les *Procris*, les *Glaucopis* et quelques autres hétérocères; elle naît de la suivante et suit la même direction qu'elle.

La cinquième nervure ou l'*anale*, se trouve près du bord interne de l'aile, qu'elle longe parallèlement sans se ramifier. Dans les *Papilio*, les *Pieris*, les *Satyrus*, etc., elle naît du même point que la médiane; chez les *Melitœa* et la plupart des Lycénides, elle ne se sépare de la précédente qu'à une certaine distance de la base. Chez les *Sphinx* elle est bifide à son origine. Dans la plupart des espèces elle est simple, mais chez les *Papilio* elle envoie près de sa base un petit rameau qui va se perdre dans le bord interne de l'aile.

Les nervules qui partent des nervures se dirigent toutes vers le bord postérieur de l'aile.

L'aile inférieure présente le même système de nervation que la supérieure, mais les nervures sont dans une position un peu différente.

Les ailes des Lépidoptères présentent souvent les couleurs les plus brillantes ; on y retrouve tout ce que les fleurs, le plumage des oiseaux-mouches et les pierres précieuses ont de teintes douces ou éclatantes, et, sous ce rapport, ces insectes excitent l'admiration de tout le monde.

Ces belles couleurs ne proviennent pas des membranes mêmes, mais d'une multitude infinie de petites écailles, implantées à l'aide d'un court pédicule sur les deux faces de l'aile. La forme et la grandeur de ces petites écailles sont excessivement variables, non seulement suivant les espèces, mais encore suivant la place qu'occupent ces écailles. Elles ressemblent le plus souvent à une poussière très fine, se détachant toujours au plus léger frottement ; chez certaines espèces, cependant, elles sont parfaitement visibles à l'œil nu. Elles sont colorées de la même manière sur leurs deux faces ; mais quand les ailes paraissent chatoyantes, les écailles sont, au contraire, colorées différemment sur chacune de leurs faces, et changent de teinte suivant la position donnée à l'aile.

Chez certaines espèces, les ailes sont totalement dépourvues d'écailles, et les membranes paraissent alors à nu ; les ailes ainsi dénudées sont appelées *vitrées*.

Outre les écailles, les ailes des Lépidoptères sont encore garnies de poils plus ou moins longs et soyeux, surtout à leur base et au bord interne des inférieures.

Examinons maintenant l'articulation des ailes. Pour que ces organes puissent bien remplir leur fonction, ils sont séparés du thorax à l'aide de quelques petits osselets, unis entre-eux par des ligaments très-élastiques, et maintenus en place dans une cavité du thorax par les pièces tergales et pectorales de celui-ci. Ces espèces de petits osselets sont les *épidèmes d'articulation*, visibles dans la plupart des insectes, mais cachés dans la totalité des Lépidoptères par les écailles qui forment l'*hypoptère* du mésothorax devenu libre. Ces écailles envahissent souvent la majeure partie du mésothorax en dessus et à la base entière de l'aile. Elles sont

surtout très-grandes chez les *Cucullia*, où elles forment cette
pointe saillante, cornée et couverte de longs poils, que l'on a comparée à un capuchon, et qui a fait donner à ce genre le nom qu'il
porte. Pandant le vol, elles agissent sans doute sur les ailes comme
une espèce de ressort, tout en protégeant les épidèmes.

Chez les Lépidoptères hétérocères, les ailes inférieures sont réunies aux supérieures, pour n'en former, en quelque sorte, qu'une
seule de chaque côté ; c'est là l'un des caractères qui distinguent
ces insectes des rhopalocères. Cette réunion des ailes se fait à
l'aide d'une espèce de crin corné, raide, un peu arqué et terminé
insensiblement en pointe ; ce crin part de la base inférieure des
secondes ailes en dessus, et se loge dans une coulisse du bord
interne des supérieures en dessous, laquelle étant recouverte par
une membrane fait une légère saillie.

M. Poey a démontré que ce crin est tantôt simple, tantôt double
(les femelles des genres *Herminia*, *Pyralis*, *Crambus*, etc.), triple
(celles des genres *Chelonia*, *Noctua*, *Plusia*, etc.) ou multiple
(celles des *Sphinx*, *Zygæna*, *Cossus*, *Zeuzera*, etc.), et qu'il forme
dans ce dernier cas un faisceau de six à cinquante poils assez
courts, qui ne sont plus dans la coulisse dont il vient d'être parlé,
mais simplement retenus par une touffe de poils relevés, placés
dans la cellule sous-médiane des ailes supérieures, ou par une
éminence arrondie, rendue scabreuse par de courtes écailles (1).

Les mâles sont seuls pourvus d'un crin simple ; il est toujours
double, triple ou multiple dans les femelles, mais il manque chez
celles des *Saturnia*, *Lasiocampa*, *Hepialus*, etc.

M. Poey fait également remarquer que ce crin n'est autre chose
que la nervure costale des secondes ailes, qui s'est dégagée des
membranes, et, par une conséquence nécessaire, a entraîné l'absence de la cellule costale, qui demeure ouverte.

Chez les *Sesia* et quelques autres genres voisins, la réunion des

---

(1) Poey, *Observations sur le crin des Lépidoptères* (Ann. de la Soc. ent. de France, t. I, p. 91.

ailes est, outre le crin, favorisée par un rebord qu'offrent les supérieures à leur partie interne, et les inférieures à la partie externe, rebords qui s'engrènent l'un dans l'autre et rendent l'adhésion complète sur toute leur étendue.

On voit par ce qui précède, quel rôle important les ailes jouent dans l'organisation des insectes, aussi, dès l'époque d'Aristote, ont-elles servi à partager ces animaux en plusieurs groupes ; de nos jours encore, chaque ordre de la classe des insectes a reçu sa dénomination d'après la structure de l'aile.

2° *Des pattes.* — Les pattes sont toujours au nombre de six, et sont fixées à la partie inférieure du prothorax, du mésothorax et du métathorax ; mais elles ne sont plus, comme chez les chenilles, placées à des distances égales l'une de l'autre, à cause de la grande altération qu'ont subi les segments dans leur forme et dans leur grandeur relative.

Les pattes se composent d'une suite d'articles, de la même nature que le reste des téguments, et articulés les uns avec les autres. Ces articles sont au nombre de cinq, et ont été désignés sous les noms de *hanche, trochanter, cuisse, jambe* et *tarse.*

La *hanche* est la pièce qui s'articule avec le thorax, mais elle paraît plutôt suspendue par un ligament que reçue dans une fossette cotyloïde du thorax. Elle est percée à sa partie interne par un canal longitudinal, donnant passage aux muscles, aux nerfs et aux trachées qui viennent de l'intérieur du thorax pour se répandre dans le reste de la patte par une ouverture placée à la partie opposée, s'articulant avec un article très-court appelé *trochanter.* La *cuisse*, qui vient après ce dernier, est en général l'article le plus long et le plus robuste des pattes ; elle s'articule avec la *jambe*, sur laquelle on remarque des poils et quelques petites épines.

Enfin le tarse, qui termine la patte, se compose lui-même de cinq articles plus ou moins longs, sauf chez les espèces *tétrapodes*, c'est-à-dire chez celles dont les pattes antérieures sont très-courtes et munies seulement d'un seul article aux tarses, tandis qu'il y en a cinq aux tarses des autres pattes. Le dernier article du tarse est muni de deux crochets, qui permettent à l'insecte de se retenir aux plantes, aux arbres, etc.

Les chenilles ont toujours deux sortes de pattes : les unes cornées et articulées ont reçu le nom de *pattes écailleuses* ; elles sont au nombre de six, et fixées par paires aux trois premiers segments du corps. Les autres, membraneuses ou charnues, non articulées et souvent bordées de crochets en dessous, sont désignées sous le nom de *fausses pattes* ou de *pattes membraneuses*. Le nombre de celles-ci varie de deux à dix suivant les espèces ; quand il n'y a qu'une paire elle appartient toujours au segment anal. Il est à remarquer que les 4e, 5e, 10e et 11e segments ne portent jamais de fausses pattes.

De l'abdomen. — L'abdomen est toujours bien développé et facilement reconnaissable chez l'insecte parfait. Il est uni au thorax par le diamètre entier de sa base, et se continue avec lui sans autre apparence de séparation qu'une suture. Chez les chenilles l'abdomen est confondu avec le thorax et ne s'en distingue que par la nature des pattes qu'il porte.

De même que le thorax, l'abdomen est formé d'un certain nombre de segments ; mais ceux-ci n'ayant point de membres à supporter, ont pris la forme la plus favorable aux divers mouvements de dilatation et de contraction nécessités par la présence à l'intérieur des viscères, qui augmentent et diminuent alternativement de volume.

Chez les Lépidoptères rhopalocères, les segments se touchent simplement et sont médiocrement mobiles ; chez beaucoup de nocturnes, leurs mouvements sont, au contraire, assez étendus.

De l'enveloppe externe. — L'enveloppe cutanée des Lépidoptères constitue, comme chez les autres insectes, une sorte de squelette externe, d'une consistance plus ou moins cornée. Cette enveloppe se compose d'une couche externe renfermant de la chitine (matière azotée particulière), et d'une couche interne molle, non chitinisée, formée de cellules ou d'une masse finement granuleuse.

Les différents pigments peuvent être de nature diffuse ou granuleuse, et se trouver soit dans la partie chitinisée, soit dans la couche molle, et même dans les deux. Dans la chenille du *Smerinthus ocellata*, par exemple, la couleur verte réside sous la portion chitinisée, qui elle-même est incolore. Il en est autrement pour la chenille du *Papilio machaon*, où les taches rouges et noires appartiennent à la cuticule même; la coloration jaune seulement provient de la couche molle. Dans la chenille du *Saturnia carpini*, tous les granules de couleur verte, jaune et noire, sont situés au-dessus de la cuticule.

La surface externe de l'enveloppe cutanée, présente souvent une foule d'excroissances, telles que des tubercules, des épines, des poils, qui sont ordinairement creux. Si ces organes ont un diamètre assez considérable, on peut distinguer en eux et dans leur revêtement externe, les deux couches cutanées: la cuticule homogène et au-dessous une couche celluleuse pigmentée. Les poils sont tantôt simples et lisses, tantôt barbelés. Cette dernière forme se rencontre chez les chenilles des Bombycides. Ces poils se cassent aisément, pénètrent avec facilité dans la peau de celui qui manie de ces chenilles, et provoquent souvent des éruptions vésiculeuses ainsi qu'une urtication très-douloureuses (1). Il suffit même de remuer simplement les nids de certaines chenilles, pour que les poils, dont ils sont formés en grande partie, s'en échappent et viennent s'implanter dans la peau des mains, de la figure et du cou. Parmi les espèces indigènes qui donnent lieu à de pareils accidents, il faut citer les chenilles des genres *Cnethocampa* (processionnaires), *Liparis* et *Bombyx*.

---

(1) Pour se débarrasser des démangeaisons cuisantes occasionnées par les poils de chenilles, il suffit de frotter rudement les endroits douloureux à l'aide de persil ; quelques bains donnent aussi de bons résultats.

On a constaté dans les poils urticants de ces chenilles, la présence de l'acide formique, substance sécrétée par les fourmis, et que l'on rencontre également dans les poils urticants des orties.

Du Système musculaire.—Les muscles sont striés et formés par la réunion d'une foule de fibres. Ils sont tous incolores ou d'un jaune sale. Cette dernière couleur est particulièrement propre aux muscles du thorax destinés aux ailes, qui diffèrent encore des autres, en ce que leurs stries transversales sont moins distinctes et leurs fibrilles très-faciles à reconnaître.

On divise les muscles en deux classes, suivant qu'ils s'attachent directement sur le squelette cutané, ou qu'ils y sont fixés au moyen de tendons. La forme des premiers est déterminée par celle des pièces sur lesquelles ils s'insèrent, et ils sont ordinairement cylindriques ou prismatiques; ils offrent, en outre, ce caractère particulier, que dans toute leur étendue leurs côtés conservent leur parallélisme. Les seconds présentent, au contraire, une grande variété de formes, ainsi que leur tendons; ceux-ci ne sont pas, selon Strauss, de simples prolongements des téguments, mais des organes particuliers, différant de ces derniers par l'absence de l'épiderme et de la matière colorante, qui ne s'y trouve qu'en très-petite quantité. Leur structure est aussi différente, car ils sont composés de fibres longitudinales ou rayonnantes, et non de feuillets superposés. Ils ont aussi cela de remarquable, qu'ils présentent à leur base un petit espace flexible, qui obvie aux inconvénients qu'aurait leur rigidité si elle était continue.

Les muscles des insectes peuvent se diviser, comme chez les vertébrés, en fléchisseurs, abducteurs, adducteurs, rotateurs, etc.

A la base de la trompe se trouvent deux muscles plats, qui ont leurs insertions dans l'intérieur de la tête, et s'étendent dans chaque moitié de l'organe. Ces muscles se contractent quand la trompe se roule en spirale, et se relachent lorsqu'elle s'étend.

Dans le thorax nous trouvons deux sortes de muscles : les uns sont destinés à lier ensemble les trois segments thoraciques, les autres servent à faire mouvoir les organes locomoteurs.

Les mouvements des ailes sont effectués par deux muscles extenseurs et plusieurs fléchisseurs plus petits, qui naissent des segments thoraciques moyen et postérieur. Les muscles des pattes sont beaucoup plus nombreux que ceux des ailes, vu la plus grande mobilité de ces organes et leur division en plusieurs articles.

La jonction de l'abdomen au thorax a lieu au moyen de quatre muscles qui se portent du rebord du premier segment abdominal au bord postérieur du métathorax. Les muscles qui font mouvoir les segments abdominaux consistent en deux larges faisceaux, l'un dorsal, l'autre ventral, qui vont d'une extrémité à l'autre de l'abdomen.

Chez les chenilles, il existe un système musculaire très-remarquable, situé immédiatement au-dessous de la peau, et formé de plusieurs couches de faisceaux aplatis (1).

Du Système nerveux.—Ce système est le siége des manifestations vitales proprement animales; de lui dépendent l'excitabilité au mouvement, à la sensation.

Le système nerveux des insectes en général, se compose de ganglions, de commissures et de nerfs; si l'on admet encore un cerveau, c'est plutôt par les fonctions qu'il remplit que par son analogie anatomique.

Les ganglions sont des corps arrondis, contenant des corpuscules particuliers, d'où partent des filets nerveux; les commissures sont des nerfs qui vont d'un ganglion à l'autre et les mettent ainsi en relation; enfin les nerfs sont des cordons qui partent des ganglions pour se perdre dans les différents organes.

La masse nerveuse se compose de deux subtances : l'une centrale, blanche, assez ferme; l'autre corticale, molle, d'une couleur

---

(1) Lyonnet a compté 4031 muscles dans la chenille du *Cossus ligniperda*, en regardant toutefois comme tels de simples fibres.

plus ou moins brunâtre, mais qui, dans quelques espèces prend une teinte différente; dans la *Cucullia verbasci*, par exemple, elle est, suivant M. Burmeister, d'un rouge carmin. Ces deux substances n'existent que dans la partie centrale du système nerveux; les nerfs ne présentent que la première.

Les ganglions et les nerfs sont toujours entourés d'un névrilème fibreux.

On distingue chez les insectes, comme chez les animaux supérieurs, deux systèmes nerveux : l'un, placé sous le canal digestif, s'appelle le *système sous-intestinal*, et représente le système cérébro spinal des vertébrés ; l'autre, placé au-dessus de ce canal, est le *système du grand sympathique*.

Le premier de ces systèmes se présente sous la forme d'un cordon, s'étendant le long de la face ventrale du corps, et offrant de distance en distance des renflements ou ganglions, qui correspondent ordinairement à chaque segment du corps. La tête contient deux de ces ganglions, l'un *sus-œsophagien* et l'autre *sous-œsophagien*, qui forment par leur réunion ce que plusieurs physiologistes désignent improprement sous le nom de cerveau. Deux commissures les unissent entre eux, et le tout constitue une sorte de collier qui embrasse l'œsophage à son origine. Ces deux ganglions distribuent leurs nerfs aux différents organes de la tête.

Chez l'insecte parfait, la chaîne ganglionnaire abdominale se compose de sept ganglions, dont les deux premiers appartiennent au thorax et sont toujours les plus volumineux ; les commissures qui les relient ne sont doubles qu'entre les ganglions thoraciques ; les autres sont plus ou moins confondues en un cordon unique.

Les nerfs naissent des ganglions, ordinairement au nombre de trois paires de chaque côté. Ceux du thorax se distribuent principalement aux ailes et aux pattes ; ceux de l'abdomen, aux muscles qui tapissent sa cavité. Les deux derniers ganglions, et quelquefois le dernier seulement, fournissent des nerfs aux organes génitaux.

Tous ces nerfs envoient des rameaux aux organes respiratoires ; mais il existe en outre, pour ces derniers, un système spécial, que Lyonnet et Newport ont fait connaitre, et qui est superposé à la chaîne ganglionnaire, qu'il suit dans toute son étendue. Ce système consiste en un filet très-grêle, qui finit par se diviser en deux branches, se dirigeant latéralement en sens opposé, et dont un ou plusieurs rameaux s'anastomosent avec les nerfs moteurs naissant des ganglions rachidiens. Les nerfs fournis par ce système naissent en face des stigmates, et leurs rameaux se rendent aux muscles qui président à l'occlusion ainsi qu'à l'ouverture de ces organes.

Dans les chenilles, la chaîne abdominale compte onze ou douze ganglions, suivant que les deux derniers sont confondus en un seul, comme dans la chenille du *Sphinx ligustri*, ou qu'ils sont distincts, quoique contigus, comme dans celle du *Cossus ligniperda*. Les deux commissures entre les trois premiers ganglions, sont écartées, tandis que les autres sont ordinairement confondues ensemble. A l'état de chrysalide, il s'opère un grand changement. Les commissures qui relient le premier et le deuxième ganglion, et celles entre le troisième et le quatrième, se raccourcissent peu à peu. Les ganglions se rapprochent ainsi graduellement et finissent par se confondre, en devenant les deux ganglions thoraciques du papillon, qui fournissent les nerfs aux ailes et aux pattes. En même temps, le cinquième et le sixième disparaissent entièrement ou se confondent en un seul.

Le système du grand sympathique se trouve chez tous les insectes au-dessus du tube digestif, et envoie des branches nerveuses aux organes de la bouche et de la digestion jusqu'à l'origine de l'intestin, au vaisseau dorsal, en un mot à tous les organes de la vie végétative. Bien que ne formant qu'un ensemble unique, on y distingue parfaitement un double système, l'un impair occupant la ligne médiane, l'autre pair situé de chaque côté du premier.

Chez les Lépidoptères, le système impair est toujurs le plus développé. Le ganglion frontal, unique dans le *Sphinx ligustri* et dans quelques autres espèces, est double dans d'autres, ainsi que la découvert Brandt dans le bombyx du mûrier, et même triple dans la chenille du *Cossus ligniperda*, suivant Lyonnet. Le filet récurrent envoie de nombreuses branches à l'œsophage ainsi qu'au vaisseau dorsal; près du jabot il s'en détache un fort rameau destiné au ventricule chylifique, et qui se prolonge même un peu sur l'intestin grêle.

Le grand sympathique ne subit, suivant Newport, aucun changement pendant les métamorphoses: on le retrouve dans l'insecte parfait tel qu'il était dans la chenille.

Des sens. 1° *Du toucher.* — Le sens du toucher est en général très-obtus, et n'acquiert une grande délicatesse que chez les chenilles dont la peau mince est nue. Le tact a principale- ment son siége dans les pattes membraneuses. Chez l'insecte par- fait il réside dans les antennes et dans l'extrémité de la trompe. Strauss considère les articles des pattes comme étant le siége du tact; d'autres placent ce sens dans les palpes. Il est fort probable que les pattes et les palpes sont également des organes du tact, mais à des degrés très-divers, qui peuvent varier d'une espèce à l'autre, suivant leur plus ou moins d'aptitude à remplir cette fonc- tion.

2°. *Du goût.* — Le sens du goût doit évidemment, s'il existe, résider dans la cavité buccale; mais la trompe des Lépidoptères est entièrement cornée, et ne paraît pas pouvoir servir à ce sens. Si les papillons recherchent de préférence le suc de certaines plantes, ce choix peut être aussi bien déterminé par l'odorat que par le goût.

3°. *De l'odorat.* — Ce sens se montre d'une manière trop mani- feste chez les insectes pour pouvoir douter de son existence; ainsi, il suffit de transporter une femelle de certains Lépidoptères loin du lieu où elle vit, pour voir arriver auprès d'elle des mâles en quantité; l'odorat est naturellement le seul sens qui puisse les guider en cette circonstance, mais ou a-t-il son siége?—Beaucoup de naturalistes le placent dans les trachées, soit à leur ouverture, soit dans toute leur étendue. D'autres supposent qu'il existe dans la cavité buccale. MM. Erichson et Burmeister considèrent les antennes comme constituant l'organe olfactif.

D'après M. Erichson, on observe aux articles terminaux des antennes, un grand nombre de petites fossettes creusées dans la profondeur du tégument chitinisé, « paraissant destinées à transmettre des sensations olfactives. » M. Leydig se prononce dans le même sens, et il ajoute en parlant des insectes en général : « Je remarque, en effet, sur le genre des Ichneumons, que dans la peau de ces articles, à côté des poches ordinaires et des canaux poreux, il se trouve encore des fossettes allongées, dans la profondeur desquelles le tégument chitinisé s'amincit. Comme des formations semblables ne se présentent pas sur le reste du corps, même aux palpes tactiles et aux extrémités des pieds, et comme un gros nerf chemine dans l'intérieur des antennes, il est à présumer qu'il s'agit ici d'un organe du sens spécial. » (1)

4º. *De l'ouïe.* — Il ne règne guère moins d'incertitude sur les organes de l'audition. Plusieurs anatomistes ayant cru s'apercevoir que la majeure partie des insectes perçoivent des sons, on a placé le sens de l'ouïe tantôt dans un organe, tantôt dans un autre. On a généralement perdu de vue qu'il ne peut y avoir d'organe auditif que là où un nerf spécial se met directement en rapport avec un appareil acoustique capable de recueillir, conduire et concentrer les ondes sonores.

Ce sont encore les antennes qu'on a pris comme siége de l'ouïe. Ces organes paraissant, en effet, jouer un rôle important chez les insectes, plusieurs auteurs, parmi lesquels Lacordaire, ont supposé qu'ils pouvaient être à la fois le siége du toucher et de l'audition ; Tréviranus n'hésite pas à placer un appareil auditif dans

---

(1) Leydig, *Traité d'histologie comparée de l'homme et des animaux*, 1861, p. 250.

la massue antennaire des Lépidoptères diurnes. Mais l'on ne peut admettre cette manière de voir, comme M. Erichson l'a déjà dit, qu'en ce sens que les antennes peuvent être mises en branle et conduire les vibrations sonores de l'air; mais, cela admis, il restera toujours à chercher le nerf acoustique, car il est inadmissible que le nerf antennaire puisse servir à la fois à deux sens distincts.

5° *De la vue.* — Les organes de la vue consistent en *yeux simples* ou *stemmates* et en *yeux composés* ou *à facettes.*

Les stemmates se composent d'une *cornée* plus ou moins convexe, derrière laquelle se trouve un *cristallin* subglobulaire, transparent et assez dur. Ce cristallin repose sur un corps de forme lenticulaire et également transparent, qui représente le *corps vitré.* Ce dernier est logé dans une espèce de calice, représentant la *rétine,* formé par un épanouissement du nerf optique et entouré par une couche de pigment formant la *choroïde;* celle-ci revêt extérieurement la cornée, excepté dans les points où cette dernière est en contact avec le cristallin, et forme un *iris* autour de ce dernier. Ce pigment est de couleur très-variée, mais il brille en général d'un éclat assez vif autour du cristallin.

Les nerfs optiques naissent par un tronc commun plus ou moins long, qui se divise en autant de branches qu'il y a de stemmates. Chez les chenilles, ces nerfs naissent par deux racines plus ou moins longues.

Dans tous les Lépidoptères il existe deux ou trois stemmates frontaux, mais ils sont en général très-difficiles à distinguer, excepté chez les Sphinx; dans les chenilles on en trouve de six à huit placés sur les parties latérales de la tête.

Les yeux composés sont formés par la réunion d'un nombre variable de petites facettes hexagonales, et dont l'ensemble n'est comme la cornée des stemmates, qu'une continuation des téguments généraux.

Derrière chaque facette ou cornée se trouve, en guise de *cris-*

tallin, un cône transparent dont le sommet est dirigé en dedans et implanté dans une sorte de calice, aussi transparent, qui correspond à un *corps vitré.* Celui-ci est entouré d'un autre calice formé par le sommet d'un filet nerveux, lequel naît du ganglion qui termine le nerf optique à peu de distance du cerveau. Chaque cristallin, avec son corps vitré et son filet nerveux, est enveloppé par une *choroïde* ordinairement d'un rouge-brun, qui forme, en général, une sorte de *pupille* derrière la cornée.

Le nombre des facettes varie considérablement suivant les espèces; on en compte 17,355 chez le *Papilio machaon,* 1,300 chez le *Sphinx convolvuli,* 11,300 chez le *Cossus ligniperda,* 6,236 chez le *Bombyx mori,* etc.

Les yeux composés n'existent pas chez les chenilles.

Des sons que produisent certains Lépidoptères. — Quelques Lépidoptères produisent des sons dont on n'est pas encore parvenu à s'expliquer la cause. L'Achéronte tête-de-mort fait entendre un cri prolongé et plaintif dès qu'on l'excite. Ce son, d'après Passerini, se produit dans une cavité de la tête qui communique avec le canal central de la trompe, et à l'entrée de laquelle sont placés des muscles, qui en s'abaissant font entrer l'air dans son intérieur, et en s'élevant l'en font sortir. Cette explication, la meilleure qui ait été donnée jusqu'ici, est cependant encore loin d'être satisfaisante.

M. Solier dit que l'*Euprepia pudica* produit des sons particuliers par le frottement d'une callosité des deux hanches postérieures contre les hanches moyennes.

Suivant M. Guénée, les mâles des *Setina* seraient pourvus d'un appareil tout-à-fait analogue à celui des cigales, mais moins compliqué, qui leur permet de produire des sons volontaires.

De l'appareil digestif. — 1° *Des organes buccaux.* — Les chenilles ont une bouche munie d'instruments propres à la mastication; aussi, leurs pièces buccales diffèrent-elles beaucoup de celles de l'insecte parfait.

Au devant de la bouche se trouve une pièce médiane et transversale qui dépend de la région frontale, et qu'on désigne sous le nom de *labre*. Sur les côtés existe une paire de *mandibules*, destinées à couper les feuilles ou d'autres substances végétales, et elles sont pour cette raison robustes et terminées en dedans par un bord tranchant et échancré. Une seconde paire d'appendices maxillaires s'insère un peu en arrière, et constitue les *mâchoires*, qui se portent en avant au-dessous des mandibules ; chaque mâchoire est munie d'un petit appendice appelé *palpe maxillaire;* mais il est à remarquer que ces palpes sont en général très-peu développés : ainsi, chez la chenille du *Cossus,* ils ne sont représentés que par de petits mamelons coniques formés de deux articles. L'appareil masticatoire présente en arrière un organe appendiculaire formant la *lèvre inférieure,* qui est unie intérieurement à une protubérance appelée *languette.* A son extrémité, la lèvre porte une paire de *palpes labiaux,* ordinairement triarticulés, et, entre ceux-ci, on voit un organe filiforme, appelé *filière,* au moyen duquel la chenille extrait les fils dont elle a besoin au moment de sa transformation.

Quand les Lépidoptères ont achevé leurs métamorphoses, ils ne se nourrissent plus que de liquides sucrés qu'ils vont puiser dans l'intérieur des fleurs ; aussi, à cette période de leur existence, ces insectes ont-ils la bouche conformée pour la succion seulement, et prolongée en une sorte de pipette flexible qui s'enroule en spirale pendant le repos, et à laquelle Latreille a donné le nom de *spiritrompe.*

L'appareil buccal des Papillons diffère donc beaucoup de celui des chenilles et des autres insectes, aussi le croyait-on dépourvu de mandibules et construit sur un plan tout-à-fait spécial. Mais Savigny vint démontrer qu'il se compose néanmoins des mêmes éléments anatomiques qu'on rencontre chez la généralité des insectes. En effet, il a reconnu dans les trois petites pièces sous-frontales qui sont situées au-devant de la spiritrompe, les analogues du labre et des mandibules ; il a constaté que les deux grands palpes qui s'avancent sur les côtés de la bouche, et qui naissent sur un article transversal, ne sont autre chose que la lèvre inférieure ; enfin, il a montré que la spiritrompe elle-même est formée par les mâchoires, dont les palpes deviennent rudimentaires, et dont la branche interne s'allonge excessivement, affecte la forme d'une sonde cannelée, et se joint à son congénère sur la ligne médiane, pour constituer avec lui un tube aspirateur.

La spiritrompe est parfois très-longue, comme chez le *Sphinx convolvuli* et le *Macroglossa stellatarum ;* mais dans d'autres espèces, même voisines, elle est fort courte (*Smerinthus ocellata*), et chez les Hépiales elle est même rudimentaire. Tantôt cet organe est presque nu, d'autres fois il est couvert d'écailles épidermiques, et souvent on y remarque une multitude de papilles qui hérissent en avant sa partie terminale, ce qui s'observe chez les Vanesses.

2° *Du canal digestif.* — Ce canal se compose : d'un *œsophage ;* d'un premier réservoir alimentaire appelé *jabot ;* d'un *gésier* ou estomac triturant ; d'un estomac proprement dit ou *ventricule chylifique,* dont la partie antérieure se prolonge latéralement de façon à donner naissance à une paire d'appendices cæcaux, appelés *bourses ventriculaires ;* d'un *intestin grêle ;* d'un *gros intestin* dont la portion antérieure se dilate de façon à constituer un *réservoir stercoral,* et dont la partie postérieure est communément appelée *rectum.* Sur les côtés de l'œsophage, on remarque un appareil salivaire d'une structure fort complexe ; enfin, à l'extrémité postérieure du ventricule chylifique s'insère l'appareil urinaire, formé par les *tubes de Malpighi,* qui débouchent dans la cavité de cet estomac.

On a souvent décrit l'œsophage des Lépidoptères, comme étant bifurqué à son extrémité antérieure pour correspondre aux deux tubes que l'on avait cru reconnaître dans la spiritrompe de ces insectes ; mais suivant M. H. Milne-Edwards, ni l'une ni l'autre de ces dispositions n'existent en réalité, et l'œsophage est toujours un canal simple et médian.

Le jabot constitue un organe appendiculaire tout-à-fait distinct du tube digestif. Son mode de formation a été très-bien étudié chez le *Pieris brassicœ* par Hérold. Quand ce papillon est à l'état de chenille, la portion œsophagienne est d'abord courte et cylindrique ; mais, par les progrès du développement, elle s'allonge plus que ne le fait le ventricule chylifique, et se renfle légèrement vers son extrémité postérieure. Au terme de son développement, on trouve à cet endroit de l'œsophage un sac pyriforme qui communique avec l'intérieur par un canal étroit.

Des observations analogues ont été faites par Newport chez le *Sphinx ligustri,* par Cornalia chez le *Bombyx mori,* par Suckow chez le *Lasiocampa pini,* etc.

Le jabot des Lépidoptères consiste donc ordinairement en un sac arrondi, naissant à angle droit de l'œsophage par un col étroit, et se prolongeant en arrière au-dessus du ventricule chylifique. Il est quelquefois profondément bilobé, par exemple chez les Zygènes, et son développement paraît être généralement en rapport avec celui de la trompe. Ainsi, il est très-grand chez la *Vanessa urticœ,* tandis que chez le *Cossus ligniperda,* l'*Arctia caja* et le *Lasiocampa pini,* où la trompe est rudimentaire, le jabot paraît manquer complètement.

Il est à remarquer que cet organe ne contient ordinairement que de l'air; les entomologistes allemands l'appellent *estomac suceur* ou *vessie aspiratoire,* parce que ce serait en cédant à la dilatation de la partie voisine de la cavité viscérale, qu'il pourrait déterminer dans l'œsophage un mouvement d'aspiration.

Le gésier n'existe pas ou est réduit à un état rudimentaire chez les Lépidoptères à l'état parfait. Chez les chenilles on trouve parfois, à la suite du jabot, un gésier charnu, mais dont la tunique interne n'offre pas d'armature comparable à ce qui se voit chez les Orthoptères et beaucoup de Coléoptères.

Le ventricule chylifique forme la partie la plus importante du tube digestif, et dans les chenilles il en occupe presque toute la longueur. Ce mode d'organisation ne persiste que rarement chez l'insecte parfait; ainsi, dans la chenille du *Pieris brassicæ*, on trouve un œsophage simple et très-court, suivi d'un grand estomac cylindrique qui s'étend en ligne droite jusque dans le voisinage de l'anus, dont il n'est séparé que par un intestin très-court. Mais, dans le même insecte à l'état de chrysalide, la portion stomacale se concentre vers le milieu du corps, tandis que l'œsophage et l'intestin s'allongent.

L'intestin grêle est donc en général très-court et quelquefois même à peine distinct dans les chenilles. Mais dans les insectes parfaits, sa longueur est parfois triple de celle du ventricule chylifique.

Enfin, le réservoir stercoral ou gros intestin, se développe latéralement chez les Lépidoptères à l'état parfait, de façon à former une poche dont le fond se prolonge en avant du point où l'intestin grêle vient s'ouvrir. L'appendice cæcal ainsi constitué, ne s'avance que peu au-devant de la terminaison de l'intestin grêle dans quelques espèces, tel que le *Pieris brassicæ*. Mais chez d'autres, le réservoir stercoral prend la forme d'un sac ovoïde à col plus ou moins étroit, par exemple chez le *Sphinx ligustri* et l'*Acherontia atropos*.

L'anus est constamment situé à l'extrémité du corps; chez les chrysalides il manque aussi bien que l'orifice buccal.

3° *Des glandes salivaires.* — Ces glandes consistent en une paire de tubes grêles, terminés en cul-de-sac, qui s'insèrent sur les parois du pharynx ou de la bouche, et s'ouvrent dans la cavité de cet organe. Chez l'insecte parfait il n'existe qu'une paire de glandes salivaires simples et capillaires; mais chez les chenilles une seconde paire d'organes analogues constitue un appareil producteur de la soie, et débouche au dehors par une filière pratiquée dans la lèvre inférieure.

De l'appareil circulatoire. — Cet appareil est peu développé dans la classe des insectes. Il se compose toujours d'un *vaisseau dorsal* contractile et d'une *aorte*. Le premier remplit le rôle de cœur, le second sert à conduire le sang.

Malpighi et Swammerdam remarquèrent l'un et l'autre, vers le milieu du XVIIᵉ siècle, le vaisseau dorsal chez plusieurs larves d'insectes, et cet organe pulsatile leur sembla être un cœur. Mais bientôt après, Lyonnet éleva des doutes sérieux sur la nature de ce vaisseau, et G. Cuvier affirma qu'il n'y a pas de circulation proprement dite chez les insectes. Aujourd'hui, grâce à la découverte de Carus, on a la certitude que le sang circule avec rapidité dans le corps des insectes.

Le vaisseau dorsal occupe la ligne médiane du dos et s'étend dans toute la longueur du corps. Il est souvent facile de l'apercevoir, sans le mettre à nu, chez les chenilles dont la peau est mince et transparente. On remarque, par la dissection, que cet organe se compose de deux portions distinctes : l'une, antérieure, simplement tubulaire et non contractile; l'autre, postérieure, plus large, animée d'un mouvement intermittent régulier, et présentant une série d'étranglements plus ou moins marqués, qui se prononcent surtout au moment de la contraction. Cette dernière partie constitue donc plus particulièrement le cœur des insectes.

A l'intérieur, le vaisseau dorsal est tapissé par une membrane très-fine qui, dans les points où se trouvent les étranglements, forme des replis valvulaires, de sorte que l'organe est divisé en autant de loges qu'il y a d'étranglements. Chacune de ces loges présente, de chaque côté, à son extrémité antérieure, une fente protégée par une valvule qui se ferme de dedans en dehors.

Le cœur se resserre dès qu'il s'est rempli de sang; mais, par suite des contractions, qui ont lieu d'une manière successive d'arrière en avant, et de la présence des valvules dont il vient d'être parlé, le liquide est poussé en totalité vers l'aorte. Ce dernier n'est qu'un prolongement de la loge antérieure du vaisseau dorsal. C'est un tube simple et grêle, qui occupe la face dorsale du thorax et se prolonge jusqu'au ganglion céphalique, où il se termine par une ouverture béante, soit sans rien offrir de particulier, soit en se divisant en plusieurs branches. Le nombre de ses loges est le plus ordinairement de huit.

Le sang, après sa sortie de l'aorte, circule dans des espèces de canaux irréguliers, formés par les espaces vides que les divers organes circonvoisins laissent entre eux ; il est bien démontré que l'aorte ne donne naissance à aucun système vasculaire rameux à l'aide duquel le sang serait transporté de la tête dans les autres parties de l'organisme. Ce sont les lacunes ménagées entre les muscles et les divers organes, ou entre les membranes et les fibres dont ces organes se composent, qui servent de conduits pour le sang et qui le ramènent dans le cœur.

Dans les parties transparentes du corps, on voit le sang circuler ainsi dans une multitude de lacunes, pénétrer dans les pattes, parcourir les ailes et se répandre partout. L'observation tend même à établir qu'à l'aide de certaines parties de ce système lacunaire, les relations entre le fluide nourricier et le fluide respirable sont rendues plus directes et plus régulières qu'on ne le soupçonnait. En injectant des insectes par leur vaisseau dorsal, M. Blanchard remarqua, en effet, que le système trachéen resta coloré par le liquide injecté.

« L'injection, dit M. Blanchard, a suivi ici le trajet que suit le fluide nourricier. Traversant le vaisseau dorsal, elle s'est répandue dans toutes les lacunes interorganiques. Parvenue dans les lacunes avoisinant l'origine des tubes respiratoires, elle s'est introduite entre les deux tuniques trachéennes. » (1)

Le sang des insectes consiste en un liquide ordinairement incolore, quelquefois jaunâtre ou verdâtre ; il a ceci de particulier que sa couleur provient constamment d'une matière colorante

---

(1) Blanchard, *Sur la circulation dans les insectes* (Ann. des sc. nat. 1848, 3ᵉ série, t. IX, p. 372 à 576.)

appartenant au sérum, et non des cellules sanguines, lesquelles sont presque toujours incolores et de forme arrondie ou ovale.

De l'appareil respiratoire. — Les Lépidoptères, de même que tous les insectes, respirent par un système de vaisseaux tubuleux, situés dans l'intérieur du corps et ramifiés à l'infini, de manière à porter l'air atmosphérique dans toutes les parties des organes. Ces vaisseaux ont reçu le nom de *trachées* et leurs ouvertures extérieures s'appellent *stigmates*.

1° *Des stigmates.* — Les stigmates sont toujours disposés symétriquement sur les côtés du corps, mais le même anneau n'en porte jamais plus qu'une paire. On en compte neuf paires très-apparentes chez les chenilles, où ces organes occupent le premier segment thoracique et les huit premiers segments de l'abdomen.

Les stigmates sont ordinairement pourvus d'une espèce d'anneau corné, de forme circulaire ou ovalaire, qui a reçu le nom de *péritrème*. La membrane qui occupe le péritrème est quelquefois percée d'une grande ouverture circulaire et ornée de cercles concentriques de diverses couleurs. Ces stigmates, que Réaumur comparaît à l'iris de l'œil, se rencontrent chez quelques Lépidoptères, notamment chez la chenille du *Dicranura vinula*.

Dans les stigmates de plusieurs espèces, chez la chenille du *Cossus ligniperda* par exemple, on remarque à l'intérieur du péritrème deux replis membraneux qui laissent entre eux une fente transversale, semblable à une boutonnière; ces replis ou lèvres sont en général d'inégales grandeurs et garnis de cils dont la disposition est parfois fort compliquée.

2° *Des trachées.* — Les trachées naissent des stigmates et servent à conduire le fluide respirable dans toutes les parties du corps. Ce sont des canaux cylindriques qui se divisent en une multitude de branches, devenant de plus en plus grêles et finissant par se terminer en cul-de-sac ; l'air, lors de l'expiration, doit donc retourner par les mêmes voies qui ont servi à son entrée. Ce vaste système de canaux aérifères se compose tantôt de tubes élastiques seulement *(trachées tubulaires)*, tantôt d'un assemblage de tubes et de poches membraneuses *(trachées vésiculaires)*.

Les trachées tubulaires ont des parois élastiques et conservent toujours une forme presque cylindrique. Cette disposition dépend de l'existence d'une sorte de charpente solide, formée par un fil de consistance sémi-cornée et enroulé en hélice , qui s'étend dans toute la longueur des trachées. L'espèce de cylindre produit par le rapprochement des tours de spire de ce fil, est revêtu extérieurement par une gaîne membraniforme, et à l'intérieur par une tunique mince et continue. De même que la cuticule des téguments communs, cette tunique interne est sujette au renouvellement périodique qui s'opère dans l'ensemble du système épidermique, et qui constitue la *mue* ou changement de peau.

Les trachées tubulaires peuvent être comparées, sous le rapport de leur distribution, aux veines et aux artères des vertébrés, mais leur nombre est beaucoup plus considérable. Lyonnet a eu la patience de compter leurs diverses branches dans la chenille du *Cossus,* et il en a trouvé 236 longitudinales et 1336 transversales. Voici en résumé, d'après cet observateur, la distribution du système trachéen dans la même chenille :

Les trachées d'origine sont mises en communication par une seule trachée longitudinale de chaque côté, laquelle commence au stigmate placé sur le premier anneau, et se termine un peu au delà du dernier, après lequel elle perd considérablement de son diamètre, et envoie quelques rameaux qui se dirigent vers l'extrémité anale du corps. Des trachées transversales naissent de ces deux troncs à peu de distance des stigmates, et se réunissent en trois groupes : l'un dorsal, qui distribue ses rameaux à la partie supérieure et aux côtés de l'animal ; le second médian, qui pénètre dans l'intérieur de la cavité splanchnique, et finit par se perdre au milieu des viscères et du corps graisseux ; enfin, le dernier ventral, qui tapisse les parties inférieures du corps.

Chez toutes les chenilles, et chez la majorité des insectes parfaits, il n'existe que des trachées tubulaires. Mais chez les Lépidoptères dont le vol est pour ainsi dire continu, les trachées présentent d'espace en espace des dilatations vésiculeuses (trachées vésiculaires). C'est sous l'influence des mouvements violents dont les métamorphoses sont accompagnées que ces vésicules se produisent. Le phénomène dont les tubes aérifères sont alors le siége, rappelle tout-à-fait ce que la pathologie nous montre parfois dans le corps humain, lorsque les artères donnent naissance à des sacs anévrysmatiques. En effet, la tunique moyenne ou élastique des trachées, formée par le fil spiral, est résorbée ou ne se renouvelle pas dans les points où ces poches doivent se former, et alors les parois des tubes, réduites aux tuniques interne et externe de la trachée, cèdent sous la pression de l'air renfermée dans leur intérieur, quand l'animal contracte violemment son corps pour le dégager de la dépouille dont il doit sortir.

M. Newport a suivi avec beaucoup d'attention l'ordre d'apparition de ces poches pneumatiques chez quelques Lépidoptères, notamment chez les Vanesses. Elles commencent à se produire quand l'insecte se dépouille de sa peau de chenille pour passer à l'état de chrysalide, et s'achèvent quand il opère sa dernière métamorphose.

Chez les chenilles aquatiques de quelques Pyralidines, l'air n'arrive pas directement de l'atmosphère dans l'appareil trachéen; celui-ci ne s'ouvre pas à l'extérieur, et l'absorption de l'oxygène se fait par l'intermédiaire de branchies. C'est Degéer qui le premier a signalé cette particularité chez la chenille du *Paraponyx stratiotata*, L. (*Hydrocampa stratiotalis*, S V.), qui vit dans les eaux stagnantes sur diverses plantes aquatiques. Tout le corps de cette chenille est couvert, mais surtout dans les points où se développeront les stigmates de l'insecte parfait, de filaments très-grêles et blancs, qui ne sont autre chose que des branchies trachéennes.

Des organes de la sécrétion. — 1° *Sécrétion urinaire.* —

Cette sécrétion se fait à l'intérieur des *tubes de Malpighi*. Ces organes, que les uns considèrent comme des vaisseaux biliaires et les autres comme représentant les reins, sont toujours très-grêles, fort longs, contournés sur eux-mêmes et fixés au canal digestif dans le voisinage du pylore.

Chez les Lépidoptères adultes aussi bien que chez les chenilles, il y a trois paires de ces tubes à extrémité flottante, mais ces vaisseaux ne débouchent dans le canal digestif que par une paire d'orifices ; cette confluence des trois tubes malpighiens du même côté en un conduit excréteur unique paraît être constante. (1)

Chez beaucoup de chenilles, il existe une multitude de petits cœcums latéraux sur la surface de ces organes, mais qui disparaissent complètement chez l'insecte parfait, ou ne sont représentés que par des bosselures peu prononcées.

La sécrétion des tubes de Malpighi est un liquide trouble, de couleur variable selon les espèces, et d'une saveur amère ayant beaucoup d'analogie avec la bile, mais renfermant les principaux produits caractéristiques de la sécrétion urinaire (2). C'est donc une humeur mixte, représentant à la fois la bile et l'urine des animaux supérieurs; elle est évacuée isolément par les insectes à métamorphoses complètes, et c'est elle que les Lépidoptères émettent en quantité considérable au moment de leur éclosion.

Les observations de M. Leydig tendent à faire penser que la sécrétion urinaire est limitée à quelques-uns des tubes de Malpighi ou à une portion de chacun de ces vaisseaux, et que dans le reste de cet appareil il y a production d'une matière de nature biliaire. Ce savant histologiste fonde son opinion sur des diffé-

---

(1) Suivant Sukow, il n'y aurait que deux paires de tubes malpighiens chez l'*Yponomeuta evonymella* et le *Pterophorus pentadactylus*; mais la petitesse de ces Lépidoptères permet de conserver quelque doute sur l'exactitude des observations.

(2) C'est en 1818 que Wurzer constata la présence de l'acide urique dans le liquide contenu dans les tubes de Malpighi du Bombyx du mûrier.

rences qui se font remarquer dans la couleur de ces organes, et dans la manière dont les corpuscules que l'on y voit se comportent en présence des agents chimiques. Les canaux jaunâtres représenteraient les *vaisseaux biliaires*, et les blancs, les *vaisseaux urinaires* (1).

Considérés dans leur structure, les tubes de Malpighi sont toujours formés par une tunique extérieure, mince et homogène; les cellules de sécrétion sont appliquées contre sa partie interne. Ces cellules atteignent souvent un volume considérable chez les Lépidoptères, et leur noyau peut se ramifier : c'est ce que l'on observe chez le *Pieris brassicæ* et le *Papilio machaon*, chez lesquels les prolongements du noyau sont courts et plats; chez le *Cossus ligniperda*, les noyaux sont allongés et ramifiés ; parfois aussi les ramifications sont réunies entre elles en forme de réseau.

2° *Des Organes sécréteurs de la soie.* — Les glandes séricifères des chenilles ne sont, pour ainsi dire, que des glandes salivaires dont le produit est un fluide élastique et visqueux, transparent chez les jeunes chenilles, opaque et épais chez celles qui vont se chrysalider. Ce n'est qu'à la sortie des vaisseaux sécréteurs, que la soie acquiert les propriétés qui la rendent si propre à la fabrication des tissus.

Les organes séricifères se composent de deux tubes plus ou moins flexueux, dont la longueur est toujours en rapport avec la quantité de soie que les chenilles emploient dans la confection de leur cocon; ces tubes sont généralement un peu renflés à leur partie moyenne, et viennent déboucher dans la *filière* placée à l'extrémité de la lèvre inférieure entre les deux palpes labiaux.

C'est chez les Bombycides que les organes séricifères atteignent leur plus grande dimension; ainsi, chez le ver à soie ils ont un pied de long, tandis que chez les sphinx, par exemple, leur lon-

---

(1) Leydig, *Traité d'histologie comparée*, p 536.

gueur ne dépasse guère deux à trois pouces, et chez certaines espèces ils sont parfois presque nuls.

Suivant H. Meckel, les cellules de sécrétion de ces organes sont
énormes, au point que souvent il n'y a que deux cellules par folli-
cule. Les noyaux sont clairs, plus ou moins ramifiés et paraissent
être creux et remplis d'un liquide ; traités par l'alcool ou l'acide
acétique, ils prennent des contours plus accusés et deviennent
foncés.

3° *Des organes de sécrétions particulières.* — Il existe à la base
des gros poils de certaines chenilles, de petites cellules sécrétant
une humeur particulière, qui pénètre dans les poils par le cana-
licule dont ceux-ci sont creusés. Ces poils se cassent facilement
et laissent alors échapper le produit de la sécrétion cutanée, qui
est souvent de nature acide et très-irritante (chenilles des Processionnaires, des Liparides, etc.) (I)

Parmi les glandes cutanées, il faut encore ranger ces organes
tentaculaires que différentes chenilles, celle du *Papillio machaon*
par exemple, peuvent projeter au dehors en laissant écouler une
matière pénétrante. Quand ces organes sont dégaînés, on y distingue tout à l'extérieur une membrane externe homogène, recou-
vrant de grosses cellules avec un contenu jaune et granuleux.

Certaines chenilles exhalent une odeur plus ou moins forte
suivant les espèces. Cette odeur provient de certaines humeurs
sécrétées par des follicules situées sous l'enveloppe cutanée, dont
les conduits excréteurs, très-courts, s'ouvrent entre les segments
du corps. Chez les *Euprepia* et les *Zygœna*, un fluide de cette
espèce, d'un jaune transparent, sort par gouttelettes sous le collier.

Dans la chenille du *Dicranura vinula*, nous avons remarqué un
organe particulier, dont le produit paraît servir uniquement à la
défense de l'animal. Cet organe se compose d'un sac glandulaire,
dont l'orifice se trouve sous le premier segment du corps. Dès que

(1) Voyez aussi ce qui a été dit sur les poils urticants p. XXII.

la chenille est excitée, elle lance par cet orifice un liquide caustique. Les chenilles des *Harpyia* offrent, parait-il, un organe de défense analogue.

De l'appareil reproducteur. — Chez les Lépidoptères les sexes sont toujours séparés; le mâle féconde les œufs avant la ponte et il est pourvu d'instruments copulateurs spéciaux.

Il n'existe souvent à l'extérieur aucune différence entre les sexes; mais dans un grand nombre de cas, ceux-ci se distinguent entre eux, non seulement par la structure de l'appareil reproducteur, mais aussi par des particularités dans la coloration ou dans la forme de certains organes qui n'ont aucun rapport avec la génération. Quant aux organes génitaux, ils sont toujours situés dans la partie postérieure de l'abdomen.

Les mâles sont, en général, plus petits que les femelles, et leur coloration diffère parfois considérablement de celles de ces dernières. Chez certaines espèces, les *Orgyia* par exemple, les femelles sont aptères, tandis que les mâles sont ailés et offrent des caractères spécifiques plus saillants.

Pour l'accouplement, c'est d'ordinaire le mâle qui recherche la femelle, et il est plus que probable que c'est principalement l'odorat qui le guide (1). De même que dans les autres classes d'animaux, le mâle est le plus ardent et l'agresseur; il emploie les agaceries et même la violence pour éveiller les désirs vénériens chez la femelle. Celle-ci résiste d'autant plus longtemps qu'elle est poursuivie à une heure plus indue ; ainsi, les mâles des *Bombyx quercus, Liparis dispar*, etc., viennent même à l'ardeur du soleil voltiger autour de leurs femelles, qui se tiennent en ce moment immobiles contre un arbre ou un mur, dans

---

(1) On a souvent vu des mâles venir de distances très considérables s'unir à des femelles tenues en captivité loin de leur résidence habituelle, et cachées dans les maisons de façon à ne pouvoir être aperçues du dehors. Cela a été souvent constaté chez divers Lépidoptères nocturnes, principalement le *Bombyx quercus* et le *Liparis dispar*.

un état de torpeur complet dont elles ne sortent qu'à l'entrée de la nuit; jusque là elles sont insensibles à toutes les instances des mâles.

Les Lépidoptères meurent peu de temps après s'être accouplés; c'est du moins la règle générale pour les femelles ; mais, suivant Kirby et Spence, les mâles de certains Bombyx pourraient s'unir successivement à plusieurs femelles.

La fécondation est le but de l'accouplement; il faut que le fluide spermatique ait agi sur les œufs, pour que les germes de ceux-ci puissent se développer et devenir des chenilles. L'observation nous apprend cependant que des œufs peuvent être pondus, sans que la femelle ait eu le contact du mâle; mais ces œufs ne donnent qu'exceptionnellement des chenilles. Le phénomène de la production d'œufs féconds sans accouplement préalable, s'appelle *parthénogenèse*.

Réaumur fut le premier à entrevoir la parthénogenèse, mais il hésita à y croire. Après lui d'autres naturalistes publièrent diverses observations sur le même sujet, mais elles furent révoquées en doute par la plupart des entomologistes de notre époque, jusqu'au moment où M. Siebold eut fait des expériences concluantes. S'étant procuré un grand nombre de cocons des *Solenobia triquetrella* et *pineti (lichenella)*, ce savant vit qu'il n'en sortit que des femelles, et que celles-ci, renfermées sous une cloche, ne tardèrent pas à pondre des œufs dont sortit une nouvelle génération de ces insectes.

Les Microlépidoptères ne sont pas les seuls de l'ordre dont nous nous occupons, chez lesquels des phénomènes de *lucinia sine concubitu* aient été observés; des faits de cette nature ont été signalés chez les Macrolépidoptères par Bernoulli, Suckow, Tréviranus, Nordmann, Brown, Tardy, Carlier, Curtis, Lacordaire, etc. — Les espèces chez lesquelles la parthénogenèse a été observée le plus fréquemment sont les suivantes : *Sphynx ligustri, Smerinthus populi, Arctia caja* et *A. casta, Liparis dispar, Lasiocampa po-*

tatoria, L. pini et *L. quercifolia, Bombyx quercus* et *Diloba cœruleocephala.*

Des organes mâles. — Ces organes comprennent les *testicules*, les *canaux déférents*, les *vésicules séminales*, le *conduit éjaculateur* et le *pénis* ou *verge.*

Les testicules sont toujours doubles; mais chez beaucoup d'espèces ils se rapprochent au point de se confondre sur la ligne médiane, et de former un organe en apparence unique, bien qu'il se compose toujours de deux systèmes de cavités spermatogènes parfaitement distincts, mais cachés sous une enveloppe commune.

Chez la chenille du *Pieris brassicæ*, les testicules sont d'abord fort éloignés entre eux et composés chacun de quatre lobes bien distincts; mais, par les progrès du développement, ils se réunissent et se concentrent de façon à ne former qu'un seul organe sphérique, situé sur la ligne médiane du corps (1). Les testicules sont réunis de cette manière chez la plupart des Lépidoptères; mais chez quelques espèces ils restent séparés, notamment chez les Microlépidoptères.

Les organes dont nous nous occupons sont souvent entourés d'une belle couche pigmentaire; ainsi chez les *Argynnis*, les *Hipparchia*, les *Pieris* et les *Liparis* ce pigment est d'un rouge cramoisi; chez les *Lycœna* et les *Sphynx*, il est vert.

C'est dans les testicules que se forme la *liqueur séminale* ou *sperme.* Celui-ci doit sa propriété fécondante aux corpuscules microscopiques qu'il contient, et qui sont désignés sous le nom de *spermatozoïdes.* Ces corpuscules sont filiformes, en général très-grêles et souvent fort longs. Ils naissent dans des cellules qui sont libres dans l'intérieur des cœcums testiculaires et contenant d'autres cellules secondaires, dans chacune desquelles un de ces spermatozoïdes se développe isolément.

Les recherches faites sur le rôle que les spermatozoïdes jouent

(1) Herold, *Entwickel. der Schmetterlinge*, pl. 4 à 32.

dans la fécondation, ont montré que dans cet acte physiologique les corpuscules du sperme pénètrent dans l'œuf et disparaissent insensiblement dans le vitellus ou jaune, en se décomposant en granulations élémentaires.

Les canaux déférents naissent des testicules et sont chargés de transporter la liqueur séminale à l'organe copulateur. Ces deux vaisseaux se réunissent toujours en arrière pour former le canal éjaculateur. Hérold, qui a fait une série d'observations très-intéressantes sur le développement des organes génitaux du Piéride du chou, dit que, chez la chenille de cette espèce, la partie évacuatrice de l'appareil mâle est constituée presque entièrement par deux canaux déférents filiformes, et que le canal éjaculateur ne commence à se développer que chez la chrysalide; mais pendant cette seconde période de la vie de l'insecte, ce canal grossit et s'allonge avec une extrême rapidité, de façon à décrire bientôt de nombreuses circonvolutions et à former la partie la plus volumineuse de tout l'appareil. Il est aussi à noter que les canaux déférents, avant leur jonction, donnent naissance à une paire de glandes accessoires, simples, longues et très-flexueuses, qui, chez la chenille, n'étaient représentée que par deux petits tubercules. Ces glandes peuvent être considérées comme des vésicules séminales : le sperme paraît y séjourner et y subir une élaboration plus parfaite.

L'appareil copulateur des Lépidoptères est caché dans la cavité abdominale et se compose de deux valves cornées, fixées par leur base à un prolongement demi-circulaire et également corné qui entoure en dessus l'appareil. Intérieurement il en existe deux autres beaucoup plus petites, membraneuses, et qui se terminent chacune par un crochet aigu, recourbé en dedans.

Le pénis est placé entre ces deux dernières valves, et consiste en un tube membraneux, court, légèrement courbé, ouvert et échancré à son extrémité. Au-dessus se trouve une autre pièce recourbée en hameçon supérieurement et opposée à la valve supérieure externe (1). Des muscles sont disposés de façon à permettre la protraction au dehors ou la rétraction du pénis.

Chez quelques espèces, le bord libre du pénis est garni d'une rangée de petites baguettes styliformes, qui se réunissent en un faisceau conique lorsque l'organe est en état de rétraction, mais qui s'écartent et se renversent lorsqu'il se déroule en dehors, de façon à former une couronne d'aiguilles rayonnantes. Mais ce mouvement ne s'opère que lorsque le pénis s'est introduit dans la cavité copulatrice de la femelle, et par conséquent les stylets, qui n'avaient opposé aucun obstacle à l'introduction de l'organe mâle parce qu'ils étaient réunis en un faisceau conique, font alors office de crampons pour empêcher la verge de sortir. Cette disposition curieuse des organes rétenteurs a été décrite et figurée par Audouin, chez la Pyrale de la vigne (2).

Des organes femelles. — L'appareil génital femelle se compose également d'une série d'organes, dont les plus importants sont: les deux *ovaires*, l'*oviducte* et la *vulve* ou *orifice copulateur*.

Chaque ovaire se compose généralement de quatre tubes ovariques très-longs, souvent enroulés en spirale, multiloculaires et réunis en faisceau ; ces tubes ovariques naissent du ligament suspenseur sous la forme d'un filament d'une ténuité-extrême, mais s'élargissant insensiblement d'avant en arrière pour aller déboucher, par leur extrémité postérieure, dans un canal excréteur commun ou oviducte. Celui-ci est un simple tube destiné au passage des œufs et ne présente rien d'important à noter: il y a un oviducte pour chaque ovaire.

Les oviductes se continuent avec le *vagin*, qui est un canal court dont la fonction est de recevoir le pénis du mâle pendant l'accou-

---

(1) Voy. Burmeister, *Handbuch der Entomologie* 1, § 152.

(2) Audouin, *Histoire des insectes nuisibles à la vigne*, p. 73 et 79, pl. 4, f. 13, 24, 25. — Voy. aussi Milne Edwards, *Leçon sur la phys. et l'anat. comp. de l'homme et des animaux*, t. IX, p. 179.

plement. Il est muni de pièces solides, destinées à solidifier ses parois pendant la distention qu'il subit lors de la sortie des œufs. L'ouverture du vagin, ou la vulve, est située dans le cloaque immédiatement au-dessous de l'orifice anal, dont elle est séparée par un repli interne de la membrane cloacale.

La *poche copulatrice* ou *vésicule spermatique* est un réservoir volumineux, pyriforme, rétréci à son embouchure de façon à prendre la forme d'une vésicule pédonculée, qui débouche dans la fosse cloacale par un orifice particulier. Cette poche est un organe copulateur indépendant du canal qui met l'ovaire en communication avec l'extérieur; elle est vide et contractée avant le rapprochement sexuel, mais pendant le coït elle se distend et se remplie de sperme. Audouin a même constaté plusieurs fois que, pendant l'accouplement, le pénis du mâle y était logé. La liqueur séminale ne séjourne que peu de temps dans la poche copulatrice et passe peu à peu dans un autre réceptacle plus petit, avec lequel cette dernière communique au moyen d'un petit tube membraneux que M. Milne Edwards désigne sous le nom de *canal séminifère*. Ce réceptacle séminal communique à son tour avec l'oviducte par un autre conduit que le même physiologiste appelle *canal fécondateur*, parce que ce conduit verse le sperme dans l'oviducte, où les œufs, en descendant vers l'extérieur, sont fécondés en passant. Plus bas l'oviducte donne insertion à deux tubes longs, grêles, terminés en cœcum et dilatés en forme d'ampoule près de leur insertion, qui fournissent une matière glutineuse destinée à enduire les œufs et à leur permettre d'adhérer aux corps sur lesquels ils sont déposés.

Suivant les observations de M. Cornalia, la vésicule copulatrice n'a pas seulement pour fonction de recevoir le pénis et le sperme éjaculé par le mâle, mais d'exercer sur ce produit fécondant une certaine influence, par suite de laquelle les spermatozoïdes, déposés en faisceaux et revêtus d'une matière enveloppante, se séparent entre eux et acquièrent la faculté de se mouvoir.

Du développement. 1° *De l'œuf.* — La matière formatrice des œufs commence à apparaître quand l'insecte est encore à l'état de chenille. Les produits des tubes ovariques consistent d'abord en un amas de petites cellules, ne présentant entre elles aucune différence appréciable, mais qui deviennent, en se développant très-dissimilaire. Les unes deviennent des vésicules germinatives, tandis que les autres paraissent avoir pour fonction principale de former le vitellus, et elles ont reçu pour cette raison le nom de *cellules vitelligènes*. C'est dans le fond des tubes ovariques que cette production de cellules s'effectue. La partie suivante de ces organes se compose d'un certain nombre de loges ovigères, dans chacune desquelles on trouve des cellules dont l'une, par les progrès de son développement, devient un ovule; les autres sont des vésicules vitelligènes.

L'ovule se compose donc d'abord d'une vésicule germinative dans l'intérieur de laquelle on aperçoit généralement une tache de Wagner; mais peu à peu cette vésicule s'entoure de substance vitelline, et celle-ci se revêt d'une tunique membraneuse qui vient compléter les parties essentielles de l'œuf (1). La vésicule germinative disparaît à une certaine période du développement de l'œuf et le vitellus, d'abord incolore, se charge insensiblement de substances grasses et de matières colorantes.

L'œuf est d'abord mou et n'a qu'une enveloppe membraneuse; mais en mûrissant, il se revêt d'une coque plus ou moins solide. S'il est très-variable dans sa forme, il l'est encore davantage dans sa coque; on remarque souvent sur celle-ci des fossettes et de véritables *canaux poreux,* puis encore des tubercules, des bandelettes, des dessins à cellules ou à alvéoles, etc.; ainsi, la coque est couverte de petites granulations chez l'*Epinephele hyperantus,* de réticulations hexagonales chez le *Pararge egeria,* de côtes saillantes

---

(1) L'albumen, qui existe dans les œufs des oiseaux, des molluques et des Arachnides, manque complètement dans ceux des insectes.

séparées par des bandes lisses chez la *Vanessa urticœ*, et par des bandes piquetées chez l'*Epinephele lithonus*, etc.

Les enveloppes de l'œuf sont percées d'orifices appelés *micropyles*, par lesquels les spermatozoïdes peuvent pénétrer dans son intérieur. Chez les Lépidoptères, il y en a ordinairement cinq, mais quelquefois leur nombre s'élève jusqu'à vingt et ils sont toujours placés au pôle supérieur de l'œuf.

Il y a une grande analogie entre les canaux poreux et les micropyles, qu'il est facile de confondre ; mais il paraissent différer physiologiquement, car Leuckart admet que les uns servent à ménager les relations d'échange avec l'air atmosphérique, tandis que les autres donnent passage aux corpuscules spermatiques.

Dès qu'un œuf est parvenu à sa maturité et qu'il est en état d'être pondu, la tunique qui l'enveloppait se détache immédiatement au-dessus de lui, se dissous et est expulsée en même temps. L'œuf placé au-dessus de celui qui vient d'être pondu, descend avec la membrane qui l'enveloppe, prend la place vacante et se développe à son tour. Il résulte de ceci que les insectes dont les ovaires sont composés de gaînes ovariques tubuleuses, ne peuvent pondre tous leurs œufs à la fois, à moins que ces derniers, au fur et à mesure de leur maturité, ne restent et ne s'accumulent dans les oviductes, en attendant le développement des autres, ce qui a souvent lieu.

Dès que l'œuf est pondu, il commence la seconde phase de son développement ; mais les phénomènes qui se passent alors dans son intérieur, sont moins connus que ceux qui précèdent, vu l'extrême délicatesse de l'embryon, qui se détruit presque toujours lorsqu'on ouvre la coque. Il paraît cependant certain que dès la disparition de la vésicule germinative, il se forme par l'effet d'un sillonnement superficiel et partiel, un blastoderme qui contraste par son aspect hyalin avec le reste du vitellus. « Ce blastoderme, qui correspond au côté ventral du futur embryon, s'étend peu à peu dans tous les sens, et recouvre ainsi la totalité du vitellus jusqu'à ce qu'enfin ses bords se rejoignent sur la région dorsale.

« On distingue dans ce blastoderme un feuillet externe séreux et un feuillet interne muqueux. Dans le premier se développe, sur la ligne médiane abdominale, la moelle abdominale, pendant que le second constitue un demi-canal qui peu à peu entoure le vitellus et finit par l'envelopper complètement en se transformant en tube digestif. Les diverses annexes de ce tube se produisent plus tard par de simples étranglements ou des replis du tube même, tandis que les autres viscères abdominaux se developpent directement, c'est-à-dire d'un blastoderme particulier.

« Sur la surface externe du feuillet séreux se forment les parties de la bouche, les organes tactiles, les pattes et autres appendices du corps, dont les articulations, comme celles du corps lui-même, sont produites par des étranglements. Le vaisseau dorsal se forme entre les deux feuillets du côté opposé à celui de la moelle abdominale. Le développement de l'embryon a lieu aux dépens du vitellus qui, renfermé dans la cavité digestive, disparaît peu à peu (1)».

A mesure que l'embryon se développe, ses divers organes se montrent plus distinctement. On voit insensiblement apparaître le système nerveux qui débute par deux filets isolés et parallèles ; ceux-ci se rapprochent insensiblement sur différents points et forment ainsi les ganglions. Le canal digestif apparaît presque en même temps que les téguments externes; mais ce n'est que vers la fin de la vie fœtale que se forment les rétrécissements qui séparent l'œsophage et l'intestin du ventricule chylifique. Peu après apparaissent les premiers vestiges des organes respiratoires, sous la forme de deux tubes qui ne tardent pas à se ramifier. Le vaisseau dorsal se développe ensuite, et les organes sexuels commencent à

---

(1) de Siebold et H. Stannius, *Anatomie comparée* (Traduit de l'allem. par Spring et Th. Lacordaire), I, 2 p. 643.

devenir distincts. Les couches musculaires, la tête et les organes locomoteurs se forment en même temps que les organes précédents (1).

2° *De la chenille.* — Quand la jeune chenille est entièrement formée, elle ronge la partie la plus mince de la coque pour se délivrer de sa prison; dès qu'elle est libre, elle se met à brouter avec voracité le parenchyme des feuilles qui lui servent de nourriture, jusqu'à ce qu'elle soit assez forte pour ronger la feuille entière.

La croissance des chenilles est en général assez rapide : chez la plupart des espèces elles ont atteint leur taille au bout de quinze jours à trois semaines; mais il y en a cependant qui croissent très-lentement et qui mettent deux et même trois ans pour acquérir leur taille définitive; ainsi la chenille du *Cossus ligniperda* vit trois ans ou du moins passe trois hivers avant de se chrysalider.

Les chenilles, avant leur métamorphose, changent plusieurs fois de peau; celles des espèces diurnes subissent en général trois mues et celles des nocturnes, quatre; mais chez quelques unes, ce nombre va bien au delà, et l'on constate parfois de cinq à huit, neuf et même dix mues, comme par exemple chez le *Chelonia caja.*

Les différentes peaux, et même les poils dont elles sont couvertes, existent déjà à l'état rudimentaire au moment de la naissance; à mesure que la chenille grossit, ses peaux se dilatent, apparaissent au dehors et sont tour à tour rejetées.

Un jour ou deux avant la mue, la chenille cesse de prendre de la nourriture ; elle devient faible et languissante, ses couleurs se flétrissent, et elle cherche un abri où elle peut s'attacher solidement sur un corps quelconque à l'aide de sa sécrétion soyeuse. Dès qu'elle est fixée, elle tourne et retourne son corps dans tous les

---

(1) Voy. Suckow, *Anat. phys. untersuchungen uber Ins. und Krustenthiere*, 1818. — Rathke, *Meckel's Archiv f. die Phys.* VI, p. 371.— J. Müller, *Nova acta Phys. med. nat. cur.* XII, p. 620.—Herold, *Disquisitiones de anim. vert. carent in ovo generat.* 1835. — Lacordaire, *Introduction à l'entom.* II, p. 384.

sens, gonfle et contracte alternativement ses anneaux afin de déchirer et de séparer l'ancienne peau, qui est devenue rigide et sèche, de la nouvelle qui est au-dessous. Après quelques heures de ce travail, la peau finit par se fendre sur le dos et la chenille s'en dégage peu à peu. En même temps sa taille a considérablement augmenté et il ne serait plus possible de la faire rentrer dans ce fourreau qui l'enveloppait quelques minutes auparavant. Il arrive parfois que les couleurs de la chenille changent après chaque mue.

Quand les chenilles ont atteint le terme de leur croissance et que le moment de la chrysalidation est arrivé elles cherchent un endroit convenable où elles puissent opérer leurs métamorphoses. Les unes se suspendent librement au moyen de quelques fils par leur extrémité anale; souvent aussi une ceinture de la même matière les fixe aux rameaux ou à des corps quelconques. D'autres se construisent un cocon au moyen de leur sécrétion soyeuse, à laquelle elles mélangent souvent des substances végétales ou de la terre. Chez certaines chenilles la sécrétion soyeuse est insuffisante à la formation d'un cocon convenable; les métamorphoses ont alors lieu soit entre des feuilles pliées ou roulées, soit sous des feuilles mortes ou de la mousse, soit enfin dans la terre.

Lorsque le cocon est terminé, la chenille se dépouille une dernière fois de sa peau et la chrysalide fait son apparition. Sous cette dernière enveloppe se forme enfin l'insecte parfait.

3° *De la chrysalide.*—Le temps qu'un Lépidoptère passe sous forme de chrysalide dépend de la taille et de la température; certaines espèces éclosent déjà au bout de quelques jours ou de quelques semaines, tandis que d'autres ne donnent l'insecte parfait qu'au bout de plusieurs mois et même d'une année.

En ouvrant une chrysalide peu de temps après la transformation, on n'aperçoit qu'un fluide blanchâtre et laiteux dans lequel nage des rudiments de membres, presque fluides eux-mêmes. Mais, par suite de l'évaporation de la partie aqueuse de ce fluide, des changements considérables se manifestent dès le second jour.

L'œsophage s'est rétréci et allongé, l'intestin s'est partagé en deux régions et l'estomac a perdu près d'un quart de sa longueur et au moins la moitié de son diamètre; en même temps les glandes salivaires et les tubes de Malpighi commencent à se raccourcir, et les organes sécréteurs de la soie perdent de leur volume. Quant à la chaîne nerveuse, elle a perdu un quart de sa longueur et certains ganglions se rapprochent tandis que d'autres, au contraire, tendent à s'éloigner. Au bout de huit à dix jours les organes de la soie ont totalement disparu, les glandes salivaires n'existent plus qu'en vestige et l'estomac a encore diminué; mais il s'est formé un jabot et le gros intestin a gagné une poche accessoire qui n'existait pas auparavant. La chaîne ganglionnaire continue à se raccourcir, et, vers le quatorzième jour, le premier ganglion et le cerveau se rapprochent de manière à entourer presque complètement l'œsophage avec leurs connectifs; un peu plus tard le deuxième et le troisième ainsi que le quatrième et le cinquième ganglions se fondent ensemble, de façon à former deux grosses masses nerveuses très-rapprochées, tandis que le sixième et le septième disparaissent complètement; enfin le cerveau acquiert un volume double et chaque lobe donne naissance à un gros nerf optique. Les membres se développent insensiblement et en même temps que les organes intérieurs; mais ce n'est que quand l'insecte parfait est sur le point de paraître que se montrent les organes génitaux.

Quand le Lépidoptère est entièrement formé, la chrysalide se fend longitudinalement sur le thorax et le papillon s'en dégage lentement; celui-ci présente d'abord de petites ailes molles et plissées, mais ces organes grandissent et durcissent à vue d'œil, et ne tardent pas à acquérir une tension parfaite qui permet à l'insecte de prendre son vol.

Lorsque la chrysalide est enfermée dans un cocon, celui-ci présente souvent, à l'une de ses extrémités, un couvercle maintenu en place par quelques fils déliés qui se rompent à la moindre pression. Mais il arrive généralement que le cocon est d'une texture uniforme et également solide daus toutes ses parties. Pour sortir d'une coque de cette nature, l'insecte rend une grande quantité d'urine qui ramollit et dissout l'espèce de gomme qui unissait les fils de soie ou les parcelles solides dont le cocon était formé.

Divisions géographico-entomologiques de la Belgique.

Les Lépidoptères étant des insectes phytophages, ne peuvent nécessairement vivre que là où croissent les plantes dont ils se nourrissent. Celles-ci sont toujours sous la dépendance de la composition chimique du terrain, et cette composition est en rapport direct avec la constitution géologique du sol. Il résulte de ceci que la flore d'une région sera d'autant plus distincte de celle des régions voisines que la constitution géologique du sol sera plus différente. On comprendra dès lors pourquoi la faune entomologique d'une contrée varie suivant les localités, surtout pour les espèces phytophages. Il arrive même souvent, qu'à mesure qu'un végétal s'étend hors de son pays natal, il est suivi par un ou plusieurs insectes qu'il nourrissait dans sa patrie. C'est ainsi que le sphinx tête-de-mort s'est répandu en Europe au siècle dernier, en même temps que la pomme-de-terre sur les feuilles de laquelle vit de préférence sa chenille. Si, au contraire, une plante vient à disparaître d'une localité, l'espèce d'insecte qu'elle nourrissait disparaîtra avec elle, à moins que cet insecte ne trouve une plante voisine de la même famille sur laquelle il puisse se jeter.

La Belgique, malgré son peu d'étendue, peut cependant se diviser en plusieurs régions, présentant chacune certains caractères particuliers au point de vue de la géologie, de la botanique et de la zoologie. Mais les naturalistes qui se sont occupés de cette question, ne sont pas encore parvenus à se mettre complètement d'accord sur les divisions à admettre et les limites à donner à chacune d'elles.

C'est à M. Houzeau que revient l'honneur d'avoir le premier songé à cette question Il proposa en 1854 de diviser le pays en sept régions, savoir : *1, Région de la mer, 2, du littoral, 3, des landes, 4, du limon hesbayen, 5, de la Belgique moyenne, 6, ardennaise, 7, du bas Luxembourg* (1). Mais il est à remarquer que l'auteur n'a établi ces régions qu'au point de vue de la flore ; c'est ce qui a engagé M. le Baron de Selys-Longchamps à les modifier, en se basant principalement sur la faune, mais en s'éloignant le moins possible du système de M. Houzeau,

M. de Selys divisa également le pays en sept régions qu'il désigna sous les noms suivants: *1, Région de la mer et du littoral, 2, région des landes et marécages* (Campine), *3, région des plaines découvertes de la Hesbaye, 4, région de la Meuse, 5, région du Condroz et de l'Entre-Sambre et Meuse, 6, région de l'Ardenne, 7, région de la Lorraine,* qui n'est représentée chez nous que par la lisière méridionale du Luxembourg (2).

De son côté M. F. Crépin, n'envisageant comme M. Houzeau que la flore indigène, réduisit le nombre des régions de la Belgique à quatre, mais il subdivisa les deux premières en quatre zones:

1. *Région septentrionale.* { *Zone maritime.*
   Zone campinienne.

2. *Région méridionale.* { *Zone argilo-sablonneuse.*
   Zone calcareuse.

3. *Région ardennaise.*
4. *Région jurassique.*

(1) Essai d'une Géographie physique de la Belgique, au point de vue de l'histoire et de la description du globe, Bruxelles 1854.

(2) Discours sur la Faune de Belgique (*Bullet. de l'Acad. roy. de Belg.* 1854, t. XXI, 2, p. 1011.

Dans la première région M. Crépin comprend une grande partie des Flandres, presque toute la province d'Anvers, les deux tiers du Limbourg et une partie du Brabant.

Dans la deuxième région se trouvent la partie méridionale des deux Flandres, la majeure partie du Hainaut et du Brabant, presque toute la province de Namur, la lisière septentrionale de la province de Luxembourg, une bonne partie de la province de Liége, et un lambeau du Limbourg.

La troisième région est constituée par la province de Luxembourg presque en entier, une partie des provinces de Liége et de Namur et par un lambeau du Hainaut.

La quatrième région occupe l'extrémité méridionale du Luxembourg et comprend les cantons de Virton, d'Etalle et une partie de ceux d'Arlon et de Florenville (1).

Vient ensuite M. C. Malaise qui, se plaçant au point de vue agricole, divise le pays en neuf régions, savoir : 1, la *région poldérienne*; 2, la *région sablonneuse*, qui comprend les dunes, la Flandre et la Campine ; 3, la *région sablo-limoneuse*; 4, la *région limoneuse*; 5, la *région alluviale*, formée par les alluvions fluviales; 6, la *région crétacée*; 7, la *région condrusienne*, comprenant la zone condrusienne proprement dite et le pays de Herve ou de Limbourg; 8, la *région ardennaise* et 9, la *région luxembourgeoise* ou *jurassique*, qui comprend trois zones : la première, calcareuse, la seconde, argileuse et la troisième, sablonneuse (2).

Comme on le voit par ce qui précède, les divisions établies par ces différents auteurs ont beaucoup d'analogie entre elles, mais il n'en est pas de même de celles proposées par M. A. Preudhomme de Borre. Notre savant collègue abandonne les frontières politiques, qui n'ont en effet rien de commun avec la distribution des êtres,

---

(1) Manuel de la Flore de Belgique, Bruxelles, 1860.

Dans la dernière édition de sa Flore (1874), M. Crépin ajoute à la région septentrionale une troisième zone, qu'il désigne sous le nom de *zone poldérienne*.

(2) Patria belgica, t. I, p. 489.

pour n'envisager que la constitution géologique du sol, liée inti-
mement à la répartition des plantes et des animaux. Il en résulte
que la faune belge n'est plus réduite comme autrefois aux neuf
provinces, mais qu'elle s'étend bien au delà. Ainsi, notre collègue
admet quatre provinces fauniques ou régions, qu'il isole par des
zones plus ou moins larges qu'il désigne sous le nom de *zones
neutres ou de compénétration mutuelle*, parce qu'elles participent
des deux faunes qu'elles limitent.

Sa première région ou *province belge* comprend la majeure partie de la Belgique, c'est-à-dire les deux Flandres, le Brabant, une
grande partie du Hainaut et les plaines de la Hesbaye, ainsi qu'une
partie des provinces de Namur, de Liége et de Limbourg jusque
vers Hasselt. Mais cette province faunique n'est complète qu'en y
ajoutant à peu près tout le département du Nord et une partie de
celui du Pas-de-Calais.

La deuxième région ou *province batave* est formée par la province d'Anvers et une partie du Limbourg, toute la Hollande sauf
peut-être la Frise, ainsi que par la Gueldre prussienne.

Dans la troisième région ou *province rhéno-mosane*, M. de Borre
met les parties montagneuses et accidentées situées dans les provinces de Liége, de Namur, de Luxembourg et une partie du
Hainaut. Cette région s'étend à l'est jusqu'au delà du Rhin; au
sud-ouest elle se prolonge dans une grande partie du département
des Ardennes et dans de petites parties de ceux de l'Oise et du Nord.

Enfin la quatrième région occupe les terrains secondaires de la
province de Luxembourg et se continue dans le Grand-Duché
pour former l'extrémité septentrionale de la *province lorraine*.

Outre les zones neutres, dont il est parlé plus haut, M. de Borre
admet avec raison une *zone subalpine*, qui comprend le plateau
des Hautes-Fanges sur la frontière de la Prusse. Cette zone est
très-caractéristique au point de vue de sa faune entomologique (1).

---

(1) Les Papillons diurnes de la Belgique ou manuel du jeune lépidoptérologiste, par L Quaedvlieg. Bruxelles. 1873 (Introduction par M. de Borre).

Quant à nous, nous croyons devoir donner la préférence à la division proposée par M. de Borre, parce que notre collègue a tenu compte autant que possible, de la constitution géologique, de la flore et de la faune indigène. Mais nous ne sommes pas de son avis en ce qui concerne la zone maritime, car cette partie du pays a une faune et une flore trop caractéristiques pour être considérée comme zone neutre. Nous rétablirons donc la première région telle qu'elle a été comprise par M. de Selys, et nous aurons : la *région maritime*, la *région belge*, la *région batave*, la *région rhéno-mosane* et la *région lorraine ;* nous conservons en outre les *zones neutres ou de compénétration mutuelle* et la *zone subalpine.*

Résumé de l'Histoire de la Lépidoptérologie.

La Lépidoptérologie est une science toute récente. Jusqu'au siècle dernier on ne s'est occupé que de l'étude des insectes en général et, sauf quelques travaux anatomiques, rien n'a été publié sur les Lépidoptères en particulier.

L'étude de l'entomologie, à part quelques données fort incomplètes des écrivains de l'antiquité et du moyen-âge, ne date que du dix-septième siècle. Le traité d'Aldrovande *(De animalibus insectis, libri VII,* Bologne, 1602), le livre de Thomas Mouffet *(Insectorum sive minimorum animalium theatrum,* Londres, 1634), les gravures de J. Hoefnagel *(Diversæ insectorum volatilium icones ad vivum depictæ,* Anvers, 1630-46), attirèrent d'abord l'attention des naturalistes. Mais l'impulsion vraiment scientifique donnée à l'entomologie ne commence qu'avec les travaux de Goedart, de Malpighi, de Redi, de Leuwenhoek, de Ray, de Swammerdam, de Lister, de Vallisnieri et de Réaumur.

Goedart nous apprend qu'il a passé quarante années de sa vie à observer les métamorphoses des insectes et surtout des Lépidoptères *(Metamorphosis et historia naturalis Insectorum, Medioburgi,* 1662*).* Cet ouvrage, écrit dans un style naïf, a été bientôt surpassé. Peu d'années après, Malpighi fit paraître le premier traité sur l'anatomie des insectes *(Dissertatio epistolica de Bombyce, Londini,* 1669). Malpighi découvrit le vaisseau dorsal et lui donna le nom de cœur; il découvrit également les organes respiratoires, le canal intestinal et la poche copulatrice à laquelle il n'assigna cependant pas sa véritable fonction. Rédi s'appliqua principalement à combattre, par des expériences ingénieuses, la génération spontanée des insectes admise par Aristote. Leuwenhoek se livrait spécialement à des recherches microscopiques, et dévoilait l'organisation des parties les plus délicates de quelques insectes *(Arcana naturæ detecta, Delphis Batav.,* 1695).

En 1705, Ray, l'un des plus grands naturalistes que l'Angleterre ait produit, publia un système entomologique basé sur les métamorphoses *(Methodus Insectorum).* Mais comme la plupart de ces devanciers, il confondit avec les insectes une foule d'animaux inférieurs. Il mourut en 1707 laissant en manuscrit un autre travail sur les insectes *(Historia Insectorum, etc.* Londres, 1710*),* que Lister publia trois ans après par ordre de la Société royale de Londres. Un peu plus tard Vallisnieri, célèbre médecin de Padoue, publia ses observations sur les métamorphoses et le développement des insectes *(Esperienze ed osservazione interno all'origine, sviluppi e costumi di varii Insetti,* Padoue, 1713). A la même époque Swammerdam étudia avec une telle passion l'anatomie, les métamorphoses et les mœurs des insectes, qu'il négligea les soins de sa fortune et abrégea même sa vie. Ses observations ne furent publiées qu'après sa mort par Boerhave, qui les racheta en 1729. Après les avoir mis en ordre, celui-ci les publia en 1737 et 1738 sous le titre de *Biblia naturæ.* Un des principaux mérites de Swammerdam est d'avoir introduit la considération des métamorphoses dans sa classification, qui n'était cependant encore qu'une ébauche.

Pendant quelques années, aucun ouvrage important, concernant l'entomologie ne parut; toutefois, plusieurs auteurs firent connaître leurs observations particulières, donnant pour l'éclaircissement du texte des gravures souvent d'un grand luxe. On peut citer parmi ceux-ci Derham, Hans Sloane, Petiver et Eleazar Albin, tous Anglais.

Un an avant la publication de la première édition du *Systema naturæ* de Linné, parut le premier volume des *Mémoires sur les insectes* de Réaumur (6 vol. in-4°, Paris, 1734-42). C'est l'auteur qui a le plus contribué à rendre l'entomologie attrayante et populaire. Il a essayé une classification pour une partie des Lépidoptères, mais trop imparfaite pour qu'il soit nécessaire d'en faire mention.

C'est à Linné, le grand législateur de la science, que revient l'honneur d'avoir le premier donné une classification convenable des insectes ; mais sous ce point de vue, la première édition de son *Systema naturæ* (1735) laisse encore beaucoup à désirer. Dès la seconde édition de cet ouvrage, qui parut à Stockholm en 1740, Linné modifia son système; mais ce n'est que dans la douzième édition (Stockholm 1767), la dernière qui ait paru de son vivant, que sa classification fut véritablement établie. Tous les ordres d'insectes mentionnés par l'illustre Suédois, sauf celui des aptères, subsistent encore aujourd'hui, mais limités pour la plupart un peu autrement que ne l'entendait Linné. Quant à l'ordre des Lépidoptères, il le divisa en trois genres : les *Papilio*, les *Sphinx* et les *Phalæna;* ce dernier genre comprenait tous les nocturnes.

Parmi les nombreux correspondants de Réaumur se trouvait le célèbre Bonnet de Genève, qui découvrit la fécondité des pucerons sans accouplement. Bonnet commença dès l'âge de vingt ans une série de recherches sur les chenilles, les insectes et les vers dont il publia les résultats en 1745 dans son *Traité d'insectologie.* Ce savant fit paraître plus tard un ouvrage remarquable sous le titre de *Considérations sur les corps organisés* (Amsterdam 1762);

vers la fin de sa carrière il publia ses *Contemplations de la nature* imprimées dans les tomes VII à IX de ses *Œuvres complètes*.

Les travaux d'observations qui se poursuivaient ainsi parallèlement aux réformes systématiques opérées par Linné, eurent encore à la même époque plusieurs représentants, dont les deux plus célèbres sont Roesel et Degéer. Le premier, peintre en miniature établi à Nurenberg, commença à publier en 1746 un recueil mensuel intitulé *Insecten Belustigung;* cet ouvrage contient une foule de planches et d'excellentes observations. Mais son contemporain Degéer lui est bien supérieur et l'emporte même sur Réaumur, parce qu'il était à la fois observateur, anatomiste et auteur systématique. Ses *Mémoires pour servir à l'histoire naturelle des insectes* (7 vol. in-4°, Stockholm, 1752-78), forment réellement une œuvre remarquable, que l'on consulte encore avec plaisir.

En 1760 parut à La Haye le *Traité anatomique de la chenille du saule,* qui rendit son auteur célèbre. Pierre Lyonnet était un de ces hommes doués d'une capacité universelle; il savait douze langues et gravait dans la perfection. Son traité, que nous venons de citer, est à la fois un chef-d'œuvre de science et de gravure. Lyonnet laissa à sa mort un manuscrit avec planches, qui fut publié par W. De Haan, sous le titre de *Recherches sur l'anatomie et les métamorphoses de différentes espèces d'insectes* (Paris, 1832).

Vers la même époque se firent encore remarquer par leurs travaux entomologiques : Frisch, Jacob l'Admiral, Clerck, Poda, Brunich, Schluga, Schœffer et Geoffroy (1). Ce dernier, médecin et naturaliste distingué, publia l'une des premières faunes locales *(Histoire abrégée des Insectes des environs de Paris,* 1762); Geoffroy fut le premier qui eut l'idée de classer les coléoptères d'après le nombre des articles des tarses.

---

(1) Nous donnerons dans notre dernier volume une liste bibliographique complète de toutes les publications ayant traité de Lépidoptères de l'Europe depuis les temps les plus reculés.

Fabricius, l'un des élèves les plus distingués de Linné, transporta dans le domaine des insectes l'idée qu'eut son maître de classer les mammifères d'après les organes de la mastication. Cette idée présentait d'immenses difficultés dans son exécution, non que les insectes offrent à cet égard plus de variations qu'aucune autre classe d'animaux, mais à cause de la petitesse des parties à observer. Ses recherches furent cependant couronnées d'un plein succès; il parvint non-seulement à trouver dans ces organes les caractères de ces divisions supérieures, mais encore ceux des genres. La première édition de son *Systema entomologiæ* parut à Leipzig en 1775; mais il perfectionna beaucoup son système dans les ouvrages qu'il publia par la suite, surtout dans son *Entomologia systematica* (1792-94) et dans son *Supplementum entomologiæ systematicæ* (1798).

Nous arrivons enfin à Latreille, l'un des principaux fondateurs de l'entomologie moderne. Son *Genera Crustaceorum et Insectorum* (Paris 1806) restera son plus beau titre de gloire; les insectes y sont divisés en ordre et en famille, d'après la méthode naturelle pressentie par Scopoli. Dans le *Règne animal* de Cuvier, Latreille divisa l'ordre des Lépidoptères en trois familles, qui répondent aux trois genres admis par Linné. Il adopta la plupart des genres créés par ses prédécesseurs et en proposa un grand nombre de nouveaux, qui sont encore admis aujourd'hui.

Nous devons maintenant remonter au temps de Linné, pour reprendre les travaux sur la Lépidoptérologie pure, qui prit naissance vers cette époque.

L'un des premiers Lépidoptérologistes monographes fut Wilkes, qui fit connaître les Lépidoptères de l'Angleterre (*The English Moths and Butterflies*, London 1747-60). Il fut bientôt suivi par Sepp, qui publia son bel ouvrage sur les Lépidoptères de la Hollande (*De Nederlandsche Insecten*, 1762-1829), et par Scopoli (*Entomologia carniolica*, 1763). Enfin, les faunes locales se multiplièrent tellement que nous ne pourrons qu'à peine en citer les principales.

L'un des ouvrages les plus remarquables est celui de Denis et Schiffermiller, sur les Lépidoptères des environs de Vienne (*Systematisches Verzeichniss der Schmetterlinge der Wiener Gegend,* 1776). Le grand nombre de chenilles qui y sont décrites a plus avancé la lépidoptérologie que tout ce qu'on avait fait jusque là. Cette publication fut suivie de près par les grands recueils iconographiques d'Esper (*Die Schmetterlinge in Abbildungen nach der natur,* 6 vol. 1777-98), d'Engramelle et Ernst (*Les Papillons d'Europe,* 1779-92), de Herbst (*Natursystem der Schmetterlinge,* 1783-95) et de Hubner (*Sammlung europaischer Schmetterlinge,* 1793-1827). Ochsenheimer publia, à la même époque, un traité complet et descriptif des Lépidoptères de l'Europe (*Schmetterlinge von Europa,* 17 vol. in-8°, Leipzig, 1807-35); cet ouvrage, qui fut continué par F. Treitschke après la mort d'Ochsenheimer, est encore indispensable à ceux qui s'occupent sérieusement de ce groupe d'insectes. En 1828, Freyer commença à publier son joli petit recueil in-12, qu'il termina en 1830 (*Beitrage zur Geschichte Eur. Schmet.*); mais trois années plus tard il reprit sa publication dont il agrandit le format (*Neuere Beitrage zur Schmetterlings-Kunde,* 1833-1858). Cet ouvrage est l'un des plus beaux qui ait paru sur les Lépidoptères ; il contient 700 planches gravées et coloriées par l'auteur. A la fin du septième volume, Freyer informa ses lecteurs qu'il ne pouvait continuer sa publication à cause du trop petit nombre d'abonnés. Nous mentionnerons encore le *Genera et Index methodicus* du Dr Boisduval (Paris, 1840), qui a longtemps servi de guide à nos lépidoptérologistes.

L'anatomie et la physiologie des insectes négligées depuis Lyonnet, furent repris dès 1798 par G. Cuvier. Il fut bientôt suivi dans cette voie par Lehman, Posselt, Haussmann, Sorg, Treviranus, Marcel de Serres, Ramdhor, Muller, Carus, Siebold, Stannius, etc.

Les sociétés savantes, fondées dans presque tous les pays de l'Europe, ont donné surtout une grande impulsion aux recherches.

entomologiques. En 1603, fut fondé à Rome, par le prince Cesi, l'Académie des *Lyncei*, qui a bien mérité des sciences zoologiques. C'est la plus ancienne de toutes les sociétés savantes. A la suite de cette académie il convient de citer, comme auxiliaires du progrès scientifique, la Société royale de Londres, fondée par Robert Boyle sous le règne si troublé de Charles Ier; l'Académie *del Cimento*, fondée en 1651 à Florence par les élèves de Galilée; la Société des Curieux de la nature, fondée en 1652 par Bausch, médecin de Schweinfurt, et l'Académie des sciences de Paris, fondée en 1666, sous le ministère de Colbert. Ces sociétés ont publié des recueils de mémoires et de notices que l'on consulte toujours avec fruit.

Depuis cette époque des institutions semblables ont partout pris naissance ; aujourd'hui, presque chaque pays possède même une société entomologique. A la tête des sociétés entomologiques viennent celles de France, de Londres, de Berlin, de Belgique, de Breslau, de Stettin, de Florence, de La Haye, de Russie, de Schaffhouse, de Philadelphie, etc.

La Lépidoptérologie belge.

C'est à notre savant collègue, M. le Baron Edm. de Selys-Longchamps, que revient l'honneur d'avoir ouvert la voie à l'étude des Lépidoptères de notre pays. Dès 1831, dans un article du *Dictionnaire de la province de Liége*, il fit connaître les genres des Rhopalocères et le nombre des espèces indigènes. En 1837, M. de Selys publia son *Catalogue des Lépidoptères ou Papillons de Belgique*. Ce travail mentionne 87 espèces diurnes, 37 crépusculaires et 99 bombycides indigènes. Quelques années plus tard, cet infatigable zoologiste corrigea et compléta son catalogue pour le publier de nouveau sous le titre de *Enumération des insectes Lépidoptères de Belgique* (Liége, 1844). Dans cette brochure l'auteur donne la liste de 88 diurnes, 36 sphingides, 104 bombycides, 214 noctuelles, 217 phalènes et de 362 microlépidoptères.

En 1855 se fonda à Bruxelles la Société entomologique; mais ce n'est que deux années plus tard (1857) que parut le tome Ier de ses annales. Dans ce volume se trouve la 1re partie d'un nouveau catalogue des Lépidoptères de la Belgique, œuvre collective due à MM. de Selys, Sauveur, Fologne, Colbeau et J. de Lafontaine.

Dans ce catalogue raisonné se trouvent énumérés : 94 Lépidoptères diurnes, 38 sphingides, 113 bombycides et 232 noctuelles. Dans le tome II, parut le *Catalogue des microlépidoptères* par M. Ch. De Fré ; l'auteur mentionne 673 espèces. Enfin, dans le tome III, M. le Dr Breyer et M. Fologne font connaître les phalénides de Belgique, dont ils énumèrent 226 espèces.

Depuis la publication de ces catalogues, plusieurs espèces nouvelles pour notre pays ont encore été observées, et leur capture a été signalée dans les comptes-rendus des séances de notre Société entomologique. Enfin, en 1873, notre collègue M. Louis Quaedvlieg publia un petit manuel analytique des *Papillons diurnes de Belgique.*

Avant de terminer cette notice bibliographique, il nous reste à faire une remarque touchant notre travail. Nous nous sommes naturellement basé sur les listes publiées dans les annales de notre Société, pour ce qui concerne la connaissance des espèces indigènes et les indications des localités belges où elles ont été observées. Or, sous ce dernier point de vue, quelques erreurs ont été commises dans ces catalogues et nous les avons parfois reproduites involontairement. Nous pourrions déjà en corriger quelques-unes, mais nous croyons qu'il est préférable de le faire à la fin de l'ouvrage dans un errata général. Nous prions, dans ce but, nos honorables collègues de vouloir bien nous signaler les erreurs et les lacunes qu'ils constateraient dans notre ouvrage.

LES

LÉPIDOPTÈRES DE LA BELGIQUE

Ier SOUS-ORDRE.

RHOPALOCÈRES. — RHOPALOCERA, Boisd.

DIURNA, Lat. — ACHALINOPTERA, Blanch. —
GLOBULICORNES. Dum.

Caractères : Antennes filiformes, généralement terminées en massue ;
tête saillante, dépourvue de stemmates ; ailes relevées pendant le repos.
Volent pendant le jour.

Chenilles de formes variées, à 16 pattes.

Chrysalides le plus souvent nues, suspendues perpendiculairement ou
parallèlement au plan d'attache.

Famille I.

PAPILIONIDÉS. — PAPILIONIDÆ.

Caractères : Ailes grandes, les supérieures triangulaires, les inférieures
concaves au bord abdominal ; cellule discoïdale fermée aux quatre ailes ;
nervule interne n'existant qu'aux ailes supérieures ; abdomen libre ; six
pattes ambulatoires.

Chenilles nues, épaisses, cylindriques ; premier segment rétréci, portant un tentacule rétractile.

Chrysalides anguleuses ; la plupart fixées par la queue et retenues en
outre parallèlement au plan d'attache par un lien transversal qui leur ceint
le milieu du corps ; rarement enveloppées d'un léger réseau entre des
feuilles (*Doritis*).

GENRE 1. — PAPILLON. — PAPILIO, *Lin*.

Amaryssus, Dalm.

Caractères : Massue des antennes allongée, légèrement arquée ; palpes courts, ne dépassant pas la tête et appliqués au front ; ailes supérieures larges, les inférieures prolongées en une queue étroite.

Chenilles cylindriques, plus grosses antérieurement, nues et lisses, à tête petite, hémisphérique, rentrant en partie sous le premier segment ; tentacule en forme d'Y, rétractile.

Chrysalides anguleuses, ayant la partie céphalique terminée en croissant, le ventre renflé et deux rangées de tubercules sur le dos.

Espèces belges (1) : 1. P. Podalirius, L., 2. Machaon, L.

Famille II.

PIÉRIDÉS. — PIERIDÆ.

Caractères : Palpes médiocres ; ailes entières, à bord abdominal convexe et canaliculé pour recevoir l'abdomen ; cellule discoïdale fermée ; nervule interne visible aux quatre ailes ; six pattes ambulatoires.

Chenilles pubescentes, cylindriques, atténuées aux deux extrémités, sans tentacule.

Chrysalides anguleuses, à tête terminée par une seule pointe ; attachées par la queue et retenues par un lien transversal (2).

GENRE 2. — APORE. — APORIA, Hubn.

Pieris, Schr. — **Pontia**, Fab. — **Leuconea**, Donz.

Caractères : Tige des antennes assez robuste, à massue allongée et comprimée ; palpes légèrement saillants ; cellules discoïdales très-allongées ; nervures noires ; pli intermédian des ailes inférieures formant une fausse nervure.

Chenilles pubescentes, vivant en société.

Chrysalides ornées de taches et de ligne noires.

Esp. : A. Cratægi, L.

---

(1) Les noms entre parenthèses sont ceux sous lesquels l'espèce est figurée dans le présent ouvrage.
(2) C'est par erreur que sur notre planche la chrysalide du *P. napi* a été figurée librement suspendue.

Genre 3. — PIÉRIDE. — PIERIS, Schrk.

Pontia, Fab. — **Ganoris**, Dalm. — **Catophaga**, Hb.

Caractères : Tige des antennes annelée, à massue obconique ; palpes légèrement allongés ; cellule discoïdale ne dépassant pas le milieu de l'aile.

Chenilles pubescentes, allongées, cylindriques, à tête petite et globuleuse ; vivant le plus souvent en société.

Chrysalides généralement carénées au milieu et sur les côtés, à anneaux mobiles.

Esp. : 1. *P. Brassicæ*, L. 2. *Rapæ*, L., 3. *Napi*, L., 4. *Daplidice*, L.

Genre 4. — AURORE. — ANTHOCHARIS, Boisd.

Euchloë, Hb.

Caractères : Antennes courtes, à massue globuleuse ; palpes velus, légèrement allongés ; cellule discoïdale très-allongée ; nervule disco-cellulaire fortement courbée vers l'intérieur.

Chenilles grêles, cylindriques, pubescentes, atténuées aux extrémités.

Chrysalides arquées, carénées, dépourvues de pointes latérales ; segments immobiles.

Esp. : *A. Cardamines*, L.

Genre 5. — LEUCOPHASIE. — LEUCOPHASIA, Steph.

Leptosia, Hb. — **Leptoria**, West. — **Ganoris**, Zett.

Caractères : Antennes courtes, à massue ovoïde ; palpes peu velus ; ailes très-allongées, à cellule discoïdale très-courte ; abdomen grêle, dépassant les ailes inférieures.

Chenilles grêles, très-légèrement pubescentes.

Chrysalides anguleuses, non arquées mais à partie céphalique relevée ; segments mobiles.

Esp. : *L. Sinapis*, L.

Genre 6. — COLIADE. — COLIAS, Fab.

Eurymus, Sw. — **Ganyra**, Dalm.

Caractères : Antennes courtes, droites, à massue obconique ; palpes soyeux ; thorax robuste ; cellule discoïdale allongée ; nervule disco-cellulaire très-courbée vers l'intérieur.

Chenilles pubescentes, allongées, convexes en dessus, aplaties en dessous, à tête globuleuse.

Chrysalides anguleuses, plus ou moins renflées au milieu du dos et terminées antérieurement par une pointe unique.

Esp. : 1. *C. Palæno*, L., 2. *Hyale*, L., 3. *Edusa*, F.

Genre 7. — GONOPTÉRYX. — RHODOCERA, Boisd.

Gonepteryx, Leach. — **Ganoris**, Dalm. — **Anteos**, Hb. — **Gonopteryx**, Boisd. — **Goniapteryx**, West.

Caractères : Antennes courtes, tronquées, arquées, à massue se formant insensiblement; palpes écailleux; ailes anguleuses, jaunes; nervule disco-cellulaire fortement courbée vers l'intérieur.

Chenilles sveltes, cylindriques, atténuées aux extrémités.

Chrysalides à région pectorale très-proéminente et à pointe céphalique redressée.

Esp. : *R. Rhamni*, L.

LYCÉNIDÉS. — LYCÆNIDÆ.

Caractères : Antennes à tige annelée et à massue allongée; yeux cerclés de blanc; palpes dépassant le front; ailes inférieures à bord abdominal canaliculé; cellule discoïdale ouverte; six pattes ambulatoires.

Chenilles pubescentes, raccourcies, en général très-voûtées en dessus, plates en dessous; tête petite, arrondie, rétractile; pattes très-courtes.

Chrysalides courtes, contractées et obtuses aux deux bouts; fixées par la queue et retenues par un lien transversal très-serré autour du corps.

Genre 8. — THÈCLE. — THECLA, Fab.

Polyommatus, Lat. — **Lycæna**, Ochs.

Caractères: Antennes se terminant insensiblement en une massue allongée, palpes écailleux; yeux velus; ailes inférieures généralement terminées par une queue naissant brusquement du contour de l'aile; cellule discoïdale formée par un repli de l'aile.

Chenilles en forme de bouclier plat, un peu élargies antérieurement et rétrécies postérieurement, couvertes de poils fins et courts.

Chrysalides très-convexes sur le dos, pubescentes.

Esp. : 1. *T. Betulæ.*, L., 2. *Spini*, Schiff., 3. *W album*, Kn., 4. *Ilicis*, Esp. *(Linceus, F.)*, 5. *Pruni*, L., 6. *Quercus*, L., 7. *Rubi*, L.

Genre 9. — POLYOMMATE. — POLYOMMATUS, Boisd.

Chrysophanus. Hb. — **Migonitis.** Sodoff. — **Lycæna**, F.

Caractères : Antennes à massue courte et épaisse ; palpes presque droits ; ailes inférieures prolongées à l'angle anal chez la plupart des mâles ; dessous des ailes orné d'ocelles ou de taches noires arrondies.

Chenilles en forme de bouclier allongé, convexes, couvertes d'une pubescence très-courte.

Chrysalides courtes, ovoïdes, pubescentes.

Esp. : 1. *P. Virgaureæ*, L., 2. *Hippothoë*, L., 3. *Dorilis*, Hufn. *(Circe, Sch.)*. 4. *Phlæas*, L., 5. *Amphidamas*, Esp. *(Helle, Hb.)*

Genre 10. — LYCÈNE. — LYCÆNA, Fab.

Polyommatus, Lat.

Caractères : Antennes à massue courte, pyriforme, aplatie ; palpes courbes velus ; ailes postérieures généralement arrondies ; dessus des ailes le plus souvent bleu chez les mâles, brun chez les femelles ; dessous orné de nombreux ocelles.

Chenilles courtes, ovales, pubescentes, très-convexes.

Chrysalides oblongues, légèrement déprimées sur le dos.

Esp. 1. *L. Bætica*, L., 2. *Argiades*, Pall., 3. *Argyrotoxus*, Bgstr *(Ægon, Sch.)*, 4. *Baton*, Berg.. 5. *Astrarche*, Berg.. 6 *Icarus*, Rott., 7. *Bellargus*, Rott , *(Adonis, Hb.)* 8. *Corydon*, Pod., 9. *Hylas*, Esp., 10. *Damon*, Sch., 11. *Argiolus*, L , 12. *Minima*, Fuesl., 13. *Semiargus*, Rott., 14. *Cyllarus*, Rott., 15. *Alcon*, F., 16. *Arion* L.

Famille IV.

ERYCINIDÉS. — ERYCINIDÆ.

Caractères : Pattes antérieures en palatine chez les mâles, plus longues chez les femelles ; ailes horizontales pendant le repos, rarement redressées.

Chenilles plus ou moins ovales, couvertes de poils courts ; tête petite et arrondie ; pattes très-courtes.

Chrysalides arrondies, hérissées de poils ; fixées par la queue et par un lien transversal.

Genre 11. — NÉMÉOBE. — NEMEOBIUS, Steph.

Hamearis, Hubn.

Caractères : Antennes à massue aplatie et presque triangulaire ; palpes velus, ne dépassant pas la tête ; yeux cerclés de blanc ; ailes redressées pendant le repos.

Chenilles ovales, pubescentes.

Chrysalides arrondies, hérissées de poils.

Esp. *N. Lucina*, L.

Famille V.

APATURIDÉS. — APATURIDÆ.

Caractères : Palpes plus ou moins convergents ; cellule discoïdale des ailes inférieures ouverte ; quatre pattes ambulatoires.

Chenilles chagrinées ; partie supérieure de la tête divisée en deux longues pointes en forme de tentacules ; corps s'amincissant postérieurement et se terminant en une queue fourchue.

Chrysalides très-comprimées latéralement, très-renflées et carénées du côté du dos ; partie céphalique bibifide ; suspendues seulement par la queue.

Genre 12. — MARS-CHANGEANT. — APATURA, Fab.

Doxocopa, Hb. — Apaturia, Sodoff.

Caractères : Antennes se terminant insensiblement par une massue fusiforme ; palpes connivents, dépassant la tête, couverts de poils écailleux ; corps robuste ; ailes grandes, garnies d'un ocelle.

Chenilles à tête petite, anguleuse et munie de deux cornes ; corps terminé postérieurement par deux pointes.

Chrysalides comprimées latéralement, carénées ; partie céphalique bifide.

Esp. : 1. *A. Iris*, L., 2. *Ilia*, Schiff.

NYMPHALIDÉS. — NYMPHALIDÆ.

Caractères: Palpes divergents, velus, dépassant la tête; cellule discoïdale des ailes inférieures généralement ouverte; pattes antérieures en palatine, très-courtes et velues chez les mâles.

Chenilles cylindriques, épineuses ou garnies de tubercules poilus.

Chrysalides anguleuses, gibbeuses ou arrondies, fixées seulement par la partie caudale.

Genre 13. — LIMÉNITE. — LIMENITIS, Fab.

Limonitis, Dalm.

Caractères: Antennes de la longueur du corps, à massue peu renflée; palpes velus, dépassant à peine la tête; ailes non anguleuses; cellule discoïdale des inférieures ouverte.

Chenilles cylindriques, à tête légèrement bifide dans sa partie supérieure; corps finement chagriné, portant deux rangées d'épines rameuses ou de tubercules épineux.

Chrysalides anguleuses, bifides antérieurement, portant au dos une protubérance très-saillante et comprimée latéralement; suspendues seulement par la queue.

Esp.: 1. *L.Populi*, L., 2. *Sibilla*, L.

Genre 14. — VANESSE. — VANESSA, Fab.

Cynthia, F. — **Aglais**, Dalm. — **Phanessa**, Sodoff. — **Grapta**, Kir.

Caractères: Antennes plus ou moins robustes, à massue pyriforme; palpes velus et écailleux, dépassant de beaucoup la tête; yeux velus; ailes anguleuses, parfois fort découpées; cellule discoïdale des inférieures ouverte; pattes antérieures hérissées de poils.

Chenilles cylindriques, à tête échancrée en cœur dans sa partie supérieure et couverte d'aspérités velues; corps garni de six rangées longitudinales d'épines velues ou rameuses, d'égale longueur sur tous les segments.

Chrysalides anguleuses, ayant la partie supérieure de la tête quelquefois arrondie, mais le plus souvent terminée par deux pointes; dos armé de deux rangées de tubercules plus ou moins aigus et dorés ou argentés. Les chrysalides de quelques espèces de ce genre paraissent entièrement dorées (1).

Esp.: 1. *V. Levana*, L, (et var. *Prorsa*, L.), 2. *C album*, L., 3. *Polychloros*, L., 4. *Urticæ*, L.
5. *Io*, L., 6. *Antiopa*, L., 7. *Atalanta*, L., 8. *Cardui*, L

GENRE 15. — MÉLITÉE. — MELITÆA, Fab.

Melinæa, Sodoff.

Caractères : Antennes à massue pyriforme, déprimée; palpes dépassant la tête, très-écartés, velus; ailes non anguleuses; cellule discoïdale des inférieures ouverte; pattes antérieures des femelles plus longues que chez les mâles.

Chenilles cylindriques, garnies de tubercules charnus, cunéiformes et couverts de poils courts et raides.

Chrysalides anguleuses, presque obtuses antérieurement, avec des points verruqueux sur le dos.

Esp.: 1. *M. Manturna*, L., 2. *Aurinia*, Rott. (*Artemis*, Hb), 3. *Cinxia*, L.,
4. *Dictynna*, Esp., 5. *Athalia*, Rott.

GENRE 16. — ARGYNNE. — ARGYNNIS, Fab.

Caractères : Antennes grêles, à massue distincte, aplatie; palpes fortement redressés, divergents, écailleux, dépassant la tête; ailes non anguleuses, les inférieures généralement ornées en dessous de taches ou de bandes nacrées; cellule discoïdale des inférieures fermée ou ouverte suivant les espèces.

Chenilles cylindriques, portant six rangées longitudinales d'épines velues ou rameuses, dont deux plus longues sur le premier segment.

Chrysalides anguleuses, tuberculées, ornées de points métalliques, à partie dorsale fortement échancrée ou concave.

Esp.: 1. *A. Aphirape*, Hb., 2. *Selene*, Schiff, 3. *Euphrosyne*, L., 4. *Pales*, Schiff., (et var. *Arsilache*, Esp.), 5. *Dia*, L., 6. *Ino*, Esp., 7. *Latonia*, L, 8. *Aglaia*, L.. 9. *Niobe*, L.
10. *Adippe*, L., 11. *Paphia*, L.

---

(1) Le nom de *Chrysalide* (du grec Χρυσαλις, Χρυσος, or) a été donné au second état d'un lépidoptère, à cause de l'éclat métallique de l'enveloppe de certaines vanesses.

SATYRIDÉS. — SATYRIDÆ.

Caractères : Antennes assez longues, à massue de forme variable; palpes velus; ailes garnies d'ocelles; les supérieures ayant généralement une ou plusieurs nervures renflées à leur base; toutes les nervules supérieures aboutissant au bord externe; cellule discoïdale des inférieures fermée.

Chenilles graminivores, épaisses au milieu, atténuées postérieurement; généralement pubescentes; tête arrondie; dernier segment bifide.

Chrysalides courtes, oblongues, légèrement anguleuses et à tête bifide, ou arrondies et à tête obtuse.

Genre 17. — MÉLANARGE. — MELANARGIA, Meig.

Arge, Hb. — **Hipparchia**, Steph.

Caractères : Antennes allongées, à massue se formant insensiblement; palpes grêles; yeux nus; ailes blanches marquées de noir; nervure costale des supérieures faiblement dilatée.

Chenilles pubescentes, rayées longitudinalement.

Chrysalides courtes, arrondies, ventrues, reposant sur la terre sans être fixées et sans cocon.

Esp.: *M. Galatea*. L.

Genre 18. — ÉRÉBIE. — EREBIA, Dalm.

Melania, Sodoff. — **Oreina**, West.

Caractères : Antennes à massue distincte, oblongue, comprimée; palpes velus, soyeux; yeux nus; nervures des ailes supérieures peu ou point renflées.

Chenilles presques nues, revêtues seulement de poils courts et isolés; extrémité postérieure munie de deux pointes.

Chrysalides ovoïdes, reposant sur la terre.

Esp.; 1. *E. Medusa*, F., 2. *Æthiops*, Esp; 3. *Ligea*, L.

Genre 19. — SATYRE. — SATYRUS, Boisd.

Hipparchia, Fab.

Caractères : Antennes à massue courbe; palpes hérissés de poils raides, serrés à la base; yeux nus; ailes inférieures arrondies, un peu denticulées; nervures subcostale et médiane, renflées aux ailes supérieures.

Chenilles épaisses, fusiformes, nues, rayées longitudinalement; tête petite, sphérique.

Chrysalides courtes, ventrues, arrondies antérieurement, coniques postérieurement, reposant dans une fossette à la surface de la terre.

Esp. : 1. *S. Briseis*, L.; 2. *Semele*, L.; 3. *Statilinus*, Hufn.

Genre 20. — PARARGE. — PARARGE, Hubn.

Lasiommata, West. — **Satyrus**, Boisd.

Caractères : Antennes à massue pyriforme; palpes et yeux velus; nervures sous-costale et médiane des ailes supérieures, renflées à leur base.

Chenilles sveltes, fusiformes, pubescentes, rayées longitudinalement; tête globuleuse.

Chrysalides allongées, garnies sur le dos de deux rangées de tubercules; fixées par la queue.

Esp.: 1. *P. Mara*, L., 2, *Megœra*, L., 3. *Egeria*, L.

Genre 21. — EPINÉPHÈLE. — EPINEPHELE, Hubn.

Hipparchia, Steph. — **Satyrus**, Boisd. — **Enodia**, Hb.

Caractères : Antennes à massue allongée, se formant insensiblement; nervures sous-costale et médiane des ailes supérieures renflées à leur base.

Chenilles sveltes, fusiformes, légèrement pubescentes, rayées longitudinalement.

Chrysalides non anguleuses, à tête bifide, fixées par la queue.

Esp.: 1. *E. Janira*, L., 2. *Tithonus*, L., 3. *Hyperantus*, L.

Genre 22. — CÉNONYMPHE. — CŒNONYMPHA, Hubn.

Satyrus, Boisd.

Caractères : Antennes à massue allongée, fusiforme; yeux nus: nervures sous-costale, médiane et sous-médiane, renflées à leur base.

Chenilles grêles, très-légèrement pubescentes, peu renflées à leur milieu, aiguës postérieurement; tête sphérique.

Chrysalides courtes, arrondies, sans tubercules, à tête un peu bifide, suspendues par la queue.

Esp : 1. *C. Hero*. L., 2. *Arcania*, L., 3. *Pamphilus*, L., 4. *Typhon*, Rott.

HESPÉRIDÉS. — HESPERIDÆ.

Caractères : Corps très-robuste ; tête large ; yeux sphériques, gros ; antennes annelées ; ailes à nervures saillantes ; cellule discoïdale des inférieures ouverte ; six pattes ambulatoires.

Chenilles nues ou pubescentes, atténuées aux deux bouts, à tête globuleuse et à premier segment étranglé.

Chrysalides allongées, fusiformes ou coniques, enveloppées dans des feuilles roulées et maintenues par un léger tissu.

Genre 23. — SPILOTHYRE. — SPILOTHYRUS, Dup.

Caractères : Antennes à massue pyriforme, sans courbure ; palpes velus, divergents ; ailes supérieures avec un repli costal très-distinct.

Chenilles courtes, cylindriques, pubescentes, à tête grosse et échancrée.

Chrysalides non anguleuses, recouvertes d'une matière pulvérulente bleuâtre.

Esp.: *S. Alcea*, Esp.

Genre 24. — SYRICHTE. — SYRICTHUS, Boisd.

Pyrgus, Hb. — **Symmachia**, Sodoff.

Caractères : Antennes à massue allongée, obtuse et un peu arquée en dehors ; palpes divergents, hérissés de poils ; ailes foncées marquées de nombreuses taches blanches, à frange blanchâtre et entrecoupée.

Chenilles glabres ou légèrement pubescentes.

Chrysalides coniques.

Esp.: *S. Carthami*, Hb. ; 2, *Alveus*, Hb.; 3. *Serratulæ*, Rbr. 4. *Malvæ*, L. ; 5. *Sao*. Hb.

Genre 25. — NISONIADE. — NISONIADES, Hubn.

Tharaos, Boisd.

Caractères : Antennes à massue fusiforme et arquée ; palpes très-velus ; tête de la largeur du corselet ; abdomen n'atteignant pas l'extrémité des ailes inférieures ; ailes entières, à frange non entrecoupée.

Chenilles nues, un peu renflées au milieu, à tête assez grosse et échancrée.

Chrysalides fusiformes, avec un tubercule sur la tête.

Esp.: *N. Tages*, L.

GENRE 26. — HESPÉRIE. — HESPERIA, Boisd.

Pamphila, Fab. — **Tymelinus**, West.

Caractères : Antennes droites à massue ovoïde, souvent terminée par un petit crochet ; tête de la largeur du corselet : palpes très-velus ; abdomen dépassant les ailes inférieures.

Chenilles nues, grêles, allongées, à tête globuleuse et un peu échancrée.

Chrysalides effilées, conico-cylindriques, terminées en pointe antérieurement.

Esp.: 1. *H. Thaumas*, Hufn. (*Linea*, Sch.) ; 2. *Lineola*, Ochs.; 3. *Actæon*, Esp.;
4 *Sylvanus*, Esp.; 5. *Comma*, L.

GENRE 27. — CYCLOPIDE. — CYCLOPIDES, Hubn.

Steropes, Boisd.

Caractères : Antennes à massue ovoïde, presque droite et sans crochet terminal ; palpes velus ; tête de la largeur du corselet ; abdomen dépassant les ailes postérieures.

Chenilles allongées, pubescentes, à tête rugueuse et hémisphérique.

Chrysalides effilées ; partie céphalique terminée par une pointe conique.

Esp.: *C. Morpheus*, Pall.

GENRE 28. — CARTÉROCÉPHALE. — CARTEROCEPHALUS, Led.

Steropes, Boisd.

Caractères : Antennes à massue ovoïde, sans crochet terminal ; palpes très-velus ; tête large ; abdomen grêle, allongé, dépassant les ailes inférieures.

Chenilles cylindriques, pubescentes.

Chrysalides effilées, cylindro-coniques ; tête terminée en pointe.

Esp.: *C. Palæmon*, Pall.

2e SOUS-ORDRE.

HÉTÉROCÈRES. — HETEROCERA. Boisd.

Caractères : Antennes de forme variable : prismatiques, pectinées, moniliformes, filiformes ou en scie ; la plupart des espèces munies de stemmates ; ailes couchées sur le dos pendant le repos. Volent pendant le jour, au crépuscule ou pendant la nuit.

Chenilles de formes très-variées, nues ou couvertes de poils.

Chrysalides le plus souvent enveloppées d'un cocon fixé entre des feuilles ou enterrées plus ou moins profondément dans le sol.

1re Division.

SPHINGINÉS. — SPHINGINÆ.

SPHINGES, Lin. — CREPUSCULARIA, Lat.

Caractères : Antennes de forme variable ; tête munie de stemmates chez la plupart des espèces ; ailes ordinairement allongées, étroites ; corps robuste, allongé, souvent terminé en brosse.

Chenilles nues, pubescentes ou velues.

Chrysalides terminées généralement en pointe postérieurement.

Famille IX.

SPHINGIDÉS. — SPHINGIDÆ.

Caractères : Antennes sub-linéaires, prismatiques, scobinées en dessous chez les mâles, plus simples chez les femelles ; palpes larges, obtus, velus ; ailes étroites ; abdomen très-robuste, conique.

Chenilles nues, atténuées antérieurement, armées postérieurement d'une corne.

Chrysalides cylindro-coniques, le plus souvent nues, rarement entourées d'une légère coque.

Genre. 29. — ACHÉRONTE.   ACHERONTIA, Ochsenh.

Brachyglossa, Boisd.

Caractères : Antennes courtes, robustes : palpes courts, velus, très-obtus ;
trompe courte, épaisse ; yeux très-gros ; thorax large, offrant plus ou moins
sur la partie dorsale le dessin d'un crâne humain ; abdomen très-robuste,
conique ; ailes supérieures lancéolées, les inférieures à angle anal arrondi ;
pattes armées de forts crochets. Volent au crépuscule.

Chenilles très-grandes, épaisses, à tête ovoïde et aplatie ; corne du pénultième segment inclinée en arrière, couverte de petits tubercules.

Chrysalides cylindro-coniques, terminées postérieurement par une pointe
rugneuse bifurquée à son extrémité ; reposant dans la terre à l'intérieur
d'une coque agglutinée.

Esp.: *A. Atropos.* L.

Genre 30. — SPHINX. — SPHINX, Lin.

Caractères : Antennes robustes, scobinées en dessous ; trompe très-
longue ; ailes supérieures lancéolées, les inférieures à angle anal arrondi ;
abdomen cylindro-conique, orné de bandes transversales. Volent au crépuscule.

Chenilles nues, à tête ovoïde, aplatie et rétractile ; pénultième segment
armé d'une corne aiguë.

Chrysalides cylindro-coniques, terminées en pointe postérieurement ;
gaine de la trompe très-saillante, souvent isolée ; chrysalides enterrées.

Esp.: 1. *S. Convolvuli,* L., 2. *Ligustri,* L., 3. *Pinastri,* L.

Genre 31. — DEILÉPHILE. — DEILEPHILA, Ochsenh.

Daphnis, Hb — **Metopsilus,** Dunc. — **Chœrocampa.** Dup.

Caractères : Antennes presqu'également épaisses dans toute leur étendue,
scobinées en dessous, plus robustes chez les mâles, terminées par un petit
crochet ; yeux gros ; trompe plus courte que le corps ; abdomen allongé,
conique. Volent au lever et au coucher du soleil.

Chenilles de forme analogue à celles du genre précédent.

Chrysalides cylindro-coniques, couchées généralement à la surface de
la terre entre des feuilles retenues par un léger réseau.

Esp.: 1. *D Galii,* Rott , 2. *Euphorbia,* L., 3. *Livornica,* Esp , 4. *Celerio,* L.,
5. *Elpenor,* L., 6. *Porcellus,* L. , 7. *Nerii,* L.

Genre 32. — SMÉRINTHE. — SMERINTHUS, Ochsenh.

Dilina, Dalm. — **Bebroptera**, Sodoff.

Caractères : Antennes prismatiques, dentelées en scie en dessous chez les mâles; tête petite, retirée; palpes courts, obtus; trompe très-courte, bifide; ailes angulaires et généralement dentées. Volent pendant la nuit.

Chenilles chagrinées, à tête triangulaire; pénultième segment armé d'une corne.

Chrysalides cylindro-coniques, nues, enterrées.

Esp.: 1. *S. Tiliæ*, L., 2. *Ocellata*, L., 3. *Populi*, L.

Genre 33. — PTÉROGON. — PTEROGON, Boisd.

Macroglossa, Ochs.

Caractères : Antennes claviformes, terminées par un petit crochet; trompe de la longueur du corps; ailes découpées; abdomen court, cylindrique, obtus, à extrémité fasciculée. Volent au crépuscule.

Chenilles nues, à tête sphérique; corne anale remplacée par une plaque orbiculaire luisante.

Chrysalides cylindro-coniques, à pointe anale longue et aiguë; cachées entre des débris de feuilles sèches retenus par des fils.

Esp.: *P. Proserpina*, Pall. (*OEnotheræ*, Sch)

Genre 34. — MACROGLOSSE. — MACROGLOSSA, Ochsenh.

Macroglossum, Scop. — **Psithyros**, Hb. — **Sesia**, Steph.

Caractères : Antennes cylindriques, claviformes; trompe de la longueur du corps; ailes courtes, souvent hyalines, les supérieures lancéolées; abdomen large, déprimé, à extrémité fasciculée.

Chenilles nues, allongées, à tête globuleuse; onzième segment armé d'une corne aiguë.

Chrysalides cylindro-coniques, couchées à terre sous des pierres ou entre des feuilles mortes réunies par quelques fils.

Esp.: 1. *M. Stellatarum*, L., 2. *Bombyliformis*, O., 3. *Fusiformis*, I.

SÉSIADÉS. — SESIADÆ.

Caractères : Front arrondi, écailleux, muni de deux stemmates; ailes plus ou moins hyalines; les inférieures freinées; abdomen cylindro-conique; pattes postérieures très-longues, armées d'épines. Volent pendant le jour.

Chenilles xylophages, vermiformes, légèrement pubescentes.

Chrysalides garnies d'épines postérieurement.

Genre 35. — TROCHILION. — TROCHILIUM, Steph.

Sphecia, Hb. — **Sesia**, Ochs.

Caractères : Antennes s'épaississant insensiblement, lamellées en dessous chez les mâles, terminées en pointe; palpes velus, dépassant la tête; trompe courte; ailes hyalines, frangées, allongées, étroites; abdomen cylindro-conique, rayé transversalement.

Chenilles cylindriques, à tête aplatie.

Chrysalides allongées, armées d'épines sur la partie dorsale des derniers segments.

Esp : *T. Apiforme*, Cl.

Genre 36. -- SCIAPTÉRON. — SCIAPTERON, Staud.

Trochilium, West. — **Sesia**, Ochsenh.

Caractères : Antennes allongées, aiguës; ailes supérieures brunes, non hyalines; les inférieures hyalines, frangées; abdomen cylindrique.

Chenilles comme dans le genre précédent; hivernant deux fois.

Esp.: *S. Tabaniforme*, Rott.

Genre 37. — SÉSIE. — SESIA, Fab.

Trochilium, Scop.

Caractères : Antennes sub-linéaires, terminées en brosse, lamellées chez les mâles; palpes revêtus de soies, dépassant la tête; ailes hyalines; pattes allongées.

Chenilles xylophages, cylindriques, en général plus larges antérieurement, garnies de poils isolés ; la plupart hivernent deux fois avant de se chrysalider.

Chrysalides sveltes, entourées d'épines postérieurement.

Esp.: 1. *Spheciformis*, Gern., 2. *Tipuliformis*, Cl., 3. *Asiliformis*, Rott., 4. *Myopæformis*, Bkh. 5. *Culiciformis*, L., 6. *Formicæformis*, Esp., 7. *Ichneumoniformis*, F., 8. *Empiformis*, Esp., 9. *Chrysidiformis*, Esp.

Genre 38. — BEMBÉCIE. — BEMBECIA, Hub.

Sesia, Ochsenh.

Caractères : Antennes sublinéaires, bipectinées chez les mâles ; ailes supérieures subhyalines ; abdomen cylindrique, terminé en brosse.

Chenilles cylindriques, garnies de poils isolés et courts.

Chrysalides entourées d'épines postérieurement.

Esp.: *B. Hylæiformis*, Lasp.

- - - - - - -

Famille XI.

THYRIADÉS. — THYRIADÆ.

Caractères : Antennes grêles, fusiformes ; palpes cylindro-coniques, dépassant la tète ; ailes courtes, denticulées, marquées de taches hyalines ; abdomen conique. Volent pendant le jour.

Chenilles raccourcies, épaisses, garnies de petits tubercules surmontés d'un poil.

Chrysalides courtes, épaisses, non épineuses.

Genre 39. — THYRIS. — THYRIS, Ill.

Caractères : Ceux de la famille.

Esp.: *T. Fenestrella*, S. E. C.

ZYGÈNIDÉS. — ZYGÆNIDÆ.

Caractères : Antennes à massue flexueuse se formant insensiblement, rarement filiformes ou bipectinées ; palpes cylindriques, velus ; front écailleux ; ailes supérieures étroites, les inférieures arrondies ; abdomen cylindrique, sublinéaire. Volent pendant le jour.

Chenilles un peu contractées, pubescentes ou velues, à tête petite.

Chrysalides enveloppées d'un cocon.

Genre 40. — PROCRIS. — INO. Leach.

Procris, F. — **Atychia**, Ochs. — **Aglaope**, Dalm.

Caractères : Antennes sublinéaires, pectinées en dessous, parfois terminées par une massue épaisse (*statices*) ; palpes grêles ; tête munie de stemmates ; trompe grêle, plus courte que le corps ; ailes assez larges, arrondies, unicolores.

Chenilles courtes, épaisses, couvertes de verrues poilues ; tête petite.

Chrysalides à gaîne de la trompe allongée, épineuses postérieurement, cachées dans un cocon allongé.

Esp.: 1. *J. Globulariæ*, Hb. 2. *Statices*, L., 3 *Pruni*, Schiff. (1).

Genre 41. — ZYGÈNE. — ZYGÆNA, Fab.

Anthrocera, Scop. — **Thermophila**, Hb.

Caractères : Antennes à massue flexueuse ; palpes courts, cylindro-coniques, velus ; trompe grêle, assez longue ; ailes allongées, tachées de rouge ; pattes médiocres.

Chenilles contractées, subcylindriques, pubescentes.

Chrysalides molles, généralement entourées d'épines postérieurement ; cachées dans un cocon parcheminé.

Esp.: 1. *Z. Trifolii*, Esp., 2, *Loniceræ*, Esp., 3. *Filipendulæ*, L., 4. *Transalpina* Esp.,

var. *Hippocrepidis*, Hb.

---

(1) L'*Ino pruni*, étant nouvellement découvert en Belgique, n'a pu être figuré dans le Tome Ier, parce que la table des matières était imprimée avant que nous eûmes connaissance de la capture de cette espèce. Elle sera donc donnée en tête du Tome II.

SYNTOMIDÉS. — SYNTOMIDÆ.

Caractères : Antennes grêles, linéaires ou terminées en massue formée
insensiblement: palpes courts ; ailes allongées avec des taches vitrées.
Chenilles cylindriques, velues ou pubescentes.
Chrysalides enveloppées d'un léger tissu.

GENRE 42. — SYNTOMIS. — SYNTOMIS, III.

Caractères : Antennes linéaires, grêles, subfusiformes ; palpes courts,
subcylindriques, obtus ; ailes allongées ; pattes médiocres.
Chenilles sans verrues, couvertes de longs poils serrés.
Chrysalides allongées, atténuées aux deux bouts.

Esp.: S. *Phegea*, L.

GENRE 43. — NACLIE. — NACLIA, Boisd.

Caractères : Antennes allongées, sétiformes, très-légèrement subciliées
chez les mâles ; ailes supérieures lancéolées, ornées de taches vitrées, les
inférieures arrondies.
Chenilles lichénivores, cylindriques, pubescentes.
Chrysalides enveloppées d'un léger tissu.

Esp.: N. *Ancilla*, L.

Papillon podalire
sur le Prunier domestique.

PAPILLON PODALIRE.

PAPILIO PODALIRIUS, LIN.

THE SCARCE SWALLOW-TAIL BUTTERFLY. — SEGELVOGEL.

Hübn., Pap., tab. 77, f. 388, p. 59. — Esp., Schmet., I Th., tab. II, p. 36. — Ochsenh., Schmet. v. Eur., t. I, IIe Abt., p. 118. — Boisd., Gen. et Index., p. 1, n° 1. — Spey., Geogr. verb., I, p 277. — G. Koch, Geogr. verb. d. Eur. Schm. in and. Weltth., p. 32.

Cette espèce est propre à l'ancien monde : on la rencontre dans certaines parties de l'Asie, où elle serait assez commune aux Indes anglaises et en Asie mineure ; on l'observe également en Égypte, en Barbarie et en Algérie. En Europe, ce papillon est assez répandu dans les contrées du sud et du centre ; au nord, il ne dépasse guère, dans le versant du Volga, le 56e degré. Il est commun en Italie, en Portugal, en Espagne, en France et en Crimée ; il est assez rare dans certaines parties de l'Allemagne et en Belgique, sauf sur les côtes arides des bords de la Meuse, de l'Ourthe, de la Vesdre et dans le Condroz, où on le rencontre encore assez fréquemment.

Ce papillon préfère généralement les pays montagneux, où il vole particulièrement autour des pointes isolées ; il opère ses évolutions en mai et une seconde fois en juillet et août.

La chenille vit en juin et août sur le prunellier (*Prunus spinosa*), l'amandier (*Amygdalus communis*), ainsi que sur le prunier domestique, le pommier, le poirier et le chêne. La chrysalidation se fait à nu contre les rameaux des plantes nourricières.

Papillon machaon
sur la petite boucage

PAPILLON MACHAON.

PAPILIO MACHAON, LINNÉ.

SWALOW-TAILED. — MACHAON-SEGLER.

Ochsenheimer, t. I, 2, p. 121. — Esper, t. I, pl. I, fig. 1. — Boisduval, p. 1. — Freyer, *Neuere Beit.*, t. I, pl. 74. PAPILIO MACHAON, var. — P. REGINÆ. Retz. — P. SPHYRUS. Hüb. var. — P. ENGRAM. var. — P. AURANTIACA, var. — AËRNAUTA MACHAON. Berg. — PIERIS MACHAON, Schrantz.

Ce beau papillon se trouve dans presque toute l'Europe, dans une grande partie de l'Asie et le nord de l'Afrique. On le rencontre au Japon, sur l'Himalaya, aux Indes orientales, en Arménie, au sud de la Russie, près du Volga et dans les steppes des environs de la mer Caspienne ; plus rarement en Laponie, en Suède, en Norwége et en Grande-Bretagne ; mais dans certaines parties de l'Allemagne, de la Hollande, de la Belgique, de la France et de l'Italie, il est assez commun.

Il fréquente les jardins, les prés et les champs ; pendant les temps orageux, il cherche un abri près des montagnes ou des berges, pour pouvoir plus facilement voler contre le vent ; arrivé à leur sommet, il se laisse entraîner par le courant, mais ne tarde pas à redescendre sur le sol, pour pouvoir de nouveau continuer sa route, en luttant contre cet élément. Le machaon se développe en mai d'une chrysalide qui a hiverné. On trouve la chenille, dans les mois de mai, juin et juillet, sur la plupart des ombellifères, telles que la petite boucage (*Pimpinella saxifraga*) (1), le carvi (*Carum carvi*), le céleri (*Apium graveolens*), et sur l'achillée (*Achillea millefolium*) et l'absinthe (*Artemisia absinthium*), mais principalement sur la carotte (*Daucus carota*) et le fenouil (*Fœniculum vulgare*). Sur ces mêmes plantes, la femelle dépose ses œufs, qui éclosent huit à dix jours après. La chenille est, au commencement de son développement, noire, avec une tache blanche sur le dos, et recouverte de petites soies rouges ; mais lorsqu'elle est adulte, elle est telle que la figure ci-jointe la représente et a de petites antennes d'un rouge-orange ressemblant à celles de l'escargot, qu'elle dresse à volonté, surtout lorsqu'on la touche ; mais dans son état de repos, elles sont invisibles. Cette chenille se chrysalide en juillet et août, et, après être restée une quinzaine de jours dans cet état, elle se transforme en papillon parfait, ce qui fait qu'il paraît deux fois par an. Les chenilles provenant des papillons de cette deuxième apparition passent l'hiver sous forme de chrysalide. Il existe plusieurs variétés de machaons, et la chrysalide varie aussi quelquefois, ce qui n'opère pourtant aucun changement sur la nuance du papillon.

----

(1) La première plante citée est toujours celle sur laquelle la chenille se trouve figurée ; il en sera ainsi jusqu'à la fin de l'ouvrage. De cette manière les amateurs reconnaîtront facilement les plantes dont elles se nourrissent.

Piéride de l'aubépine,

sur l'Aubépine.

PIÉRIDE DE L'AUBÉPINE.

PIERIS CRATÆGI, STEP.

BLACK-VEINED WHITE. — BAUMWEISSLING.

Ochsenh., t. I, p. 142. — Esper, t. I, pl. II. — Speyer. GEOGR. VERB., t. I, p. 270. — Boisd., p. 4, n° 15. — PAPILIO CRATÆGI, Lin. — P. NIGROVENOSUS. Retz. — APORIA CRATÆGI. Schrank. — LEUCONEA CRATÆGI, Donzel.

Ce papillon habite la Sibérie, l'Orient, ainsi que toute l'Europe.

Il se tient de préférence dans les champs et les jardins où il voltige autour des fleurs; on le voit souvent aussi se reposer près des ruisseaux et des sources et y boire même quelquefois. On rencontre généralement cette espèce aussi bien dans les plaines que sur les montagnes et parfois même en nombre considérable. La femelle de ce papillon pond ses œufs, qui sont de couleur jaune, sur les feuilles de l'aubépine (*Cratægus oxyacantha*), du prunier épineux (*Prunus spinosa*), du prunier cultivé (*P. domestica*), des cerisiers (*Cerasus*), du pommier (*Malus communis*), du poirier (*Pyrus communis*) et du néflier (*Mespilus germanica*); ces œufs éclosent en août ou septembre. Pendant leur première jeunesse les chenilles restent ensemble dans une même toile, qui les garantit contre les intempéries atmosphériques; elles passent ainsi la saison rigoureuse. Vers le mois d'avril ou de mai, celles qui sont restées en vie abandonnent leur quartier d'hiver, car il en périt toujours un grand nombre; elles se dispersent alors sur les arbres, où elles commencent par ronger les bourgeons. Après avoir changé plusieurs fois de peau, ces chenilles parviennent à leur complet développement vers la fin de mai; elles se choisissent alors une place convenable pour opérer leur métamorphose.

Le papillon s'échappe de sa chrysalide après une quinzaine de jours.

Les chenilles de cette espèce ont beaucoup d'ennemis, car un grand nombre d'entre elles périt des piqûres d'ichneumons ou de mouches.

Piéride du chou.

PIÉRIDE DU CHOU.

PIERIS BRASSICÆ, SCHRANK.

GREAT WHITE CABBAGE. — GROSSE KOHLWEISSLING.

Ochsenh., t. I, 1re part., p. 144. — Esper, t. I, pl. III, fig. 1. — PAPILIO BRASSICÆ, Linné.
— P. DANAUS BRASSICÆ, Fabr. — PONTIA BRASSICÆ, Herbst. — P. CHEIRANTHI, Hüb.
var. — P. CHARICLEA, Step. var.

Ce papillon sort en mai d'une chrysalide qui a hiverné, et il dépose ses œufs en juin et en juillet au revers des feuilles du chou blanc (*Brassica oleracea capitata*), du chou rave (*B. rapa*), du raifort (*Raphanus sativus*), de la giroflée quarantaine (*Matthiola annua*) et du cranson (*Cochlearia armoracia*). Au bout de dix à quinze jours, les œufs éclosent ; les petites chenilles dévorent d'abord la coque des œufs et se dispersent ensuite sur les plantes nourricières, où elles se tiennent par centaines, à la partie inférieure des feuilles, jusqu'au dernier changement de peau. Au bout de quinze jours, elles ont toute leur grandeur et vont alors s'attacher aux murs, aux poutres, etc., pour se chrysalider ; le papillon parfait en sort une à deux semaines après, quelquefois seulement au printemps de l'année suivante.

Ces chenilles, par leur extrême voracité, occasionnent de grands dommages aux potagers, car elles mangent journellement plus du double de leur poids. Pour cette raison, il est nécessaire d'examiner avec soin, au mois de mai, le dessous des feuilles de choux pendant que le papillon fait ses évolutions, et l'on peut ainsi, en peu de temps, détruire plusieurs milliers de ses œufs ; on recherche ensuite les petites chenilles que l'on tue promptement en les jetant dans un vase contenant de l'eau salée. Sans ces précautions, on s'expose à avoir des champs entiers ravagés par ces chenilles, mais heureusement le Créateur a soigné pour qu'elles aient de nombreux ennemis, tels que les mouches et les ichneumons, principalement le *Microgaster glomeratus,* qui déposent leurs œufs dans le corps de ces chenilles, de manière que le sixième à peine arrive à l'état de papillons ; bientôt les larves des ichneumons sortent par toute la surface du corps de leur malheureuse victime, et la plus grande partie de ceux-ci trouvent eux-mêmes leur fin en devenant la proie des oiseaux.

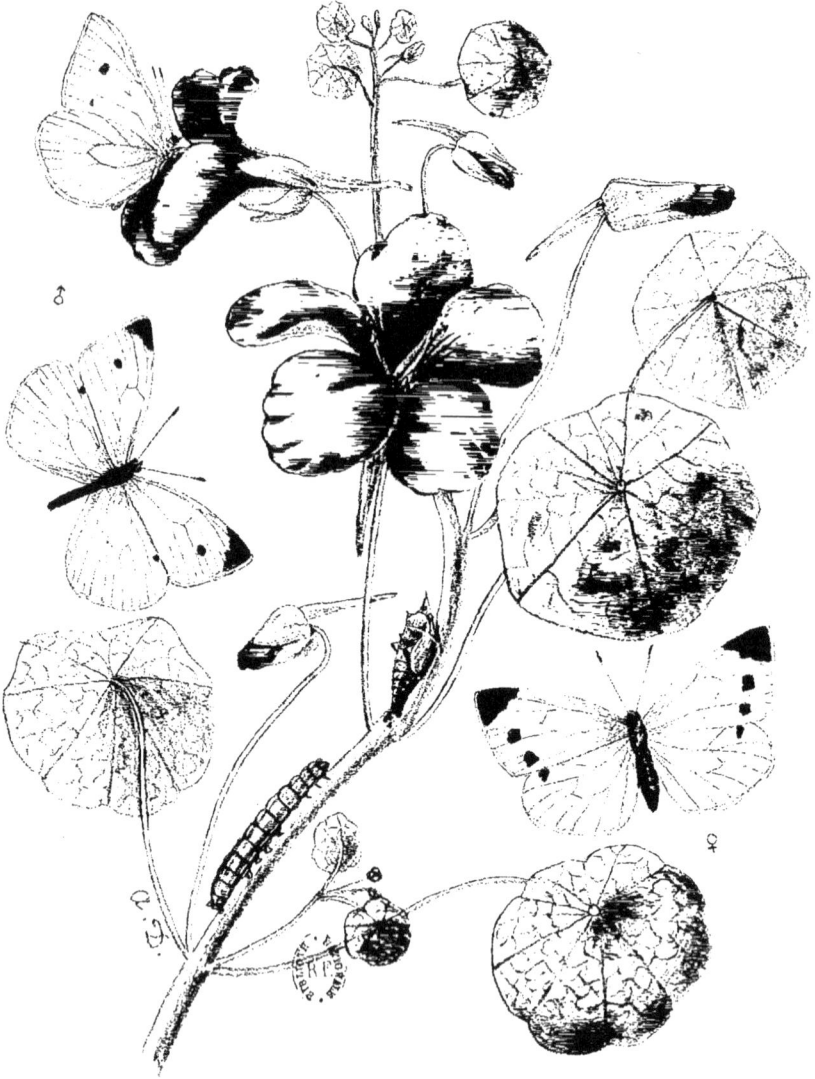

Piéride du navet
sur la Capucine.

PIÉRIDE DU NAVET.

PIERIS RAPÆ, BOISDUVAL.

SMALL WHITE CABBAGE. — KOHL WEISSLING.

Ochsenheimer, t I, 2e partie, p. 146. — Esper, t. I, pl. III. fig 2. — Boisduval, p. 4. —
PAPILIO RAPÆ. Linné. — P. NELO, Bork. var. — PONTIA RAPÆ, Step. — P METRA, Step.
var. — P. ERGANE, Hüb. var. — P. IMMACULATA, Retz. var. — P. NARCEA. Dahl. var.

Cette piéride est répandue dans toute l'Europe, dans une partie
de l'Asie et de l'Algérie ; on la trouve au Japon, en Chine, en Sibérie,
en Russie, en Laponie, en Suède et en Norwége; elle est commune en
Allemagne, en Hollande, en Belgique, en Grande-Bretagne, en France,
en Italie, ainsi qu'en Barbarie et en Égypte.

On la rencontre généralement dans les champs, les prairies, les
jardins, les clairières des forêts et même sur les montagnes élevées
dans le voisinage des neiges perpétuelles. La chenille vit depuis le
mois de juin jusqu'en septembre, sur les capucines (*Tropæolum majus*),
le réséda (*Reseda odorata*), la julienne (*Hesperis matronalis*), le
raifort (*Raphanus sativus*), ainsi que sur différentes espèces de choux,
tels que le *Brassica oleracea* et *B. napus*. Pendant certaines années,
ces chenilles sont tellement abondantes qu'elles causent beaucoup de
tort aux plantes énumérées ci-dessus. Les femelles attachent leurs
œufs au revers des feuilles; les petites chenilles en sortent une huitaine de jours après, et se tiennent alors de préférence sur les pé-
doncules et les tiges, ce qui les rend souvent peu visibles; elles ne
quittent ordinairement point la plante que lorsqu'elles en ont mangé,
pour ainsi dire, toutes les feuilles. Ces chenilles croissent rapidement
et acquièrent au bout d'une quinzaine de jours leur grandeur; elles
ont alors le corps velouté et recouvert de poils très-fins. Se transformant ensuite en chrysalide, le papillon parfait s'en échappe dix à
quinze jours après; les individus tardifs n'en sortent que l'année suivante. Pendant les beaux jours d'été, on trouve jusqu'à vingt à trente
de ces papillons sur le sable humide et sur les routes pour aspirer
l'humidité du sol; lorsqu'ils ont été troublés, ils reviennnent peu de
temps après à leur place primitive, qu'ils quittent parfois pour se
livrer à de nouveaux ébats ou pour aller butiner sur les plantes odo-
riférantes.

Piéride du colza,

sur le Colza.

PIÉRIDE DU COLZA.

PIERIS NAPI, STEP.

GREEN VEINED WHITE. — REPSWEINLING.

Ochsenh., t. I, 2, p. 149. — Esper, t. I, pl. III. — Speyer, GEOGR. VERB., t. I, p. 272. — Boisd., p. 4, n° 17. — PAPILIO NAPI, Lin. — P. NAPÆÆ, Esp., var. — PONTIA NAPI, Step. — P. SABELLICÆ, Step., var. — PIERIS BRYONIÆ.

Ce piéride se rencontre au printemps jusque vers la fin de l'automne. Il habite la Sibérie, la Laponie, la Suède, la Russie, la Turquie, l'Allemagne, la Grande-Bretagne, la Hollande, la Belgique, la France et l'Italie. Il est généralement commun dans toutes ces contrées, mais c'est surtout dans l'arrière-saison qu'on trouve le plus grand nombre de ces papillons.

Pendant les années favorables à leur propagation, ils produisent jusqu'à trois générations. On voit souvent dans les chemins humides une vingtaine de ces piérides serrés les uns aux autres pour aspirer l'humidité du sol.

La chenille se tient sur le colza (*Brassica napus*), le radis ravenelle (*Raphanus raphanistrum*), la tourette glabre (*Turristis glabra*), le sisymbre alliaire (*Sisymbrium alliaria*), le vélar d'Orient (*Erysimum orientale*), le réséda odorant (*Reseda odorata*), le réséda jaune (*R. lutea*) et le réséda gaude (*R. luteola*). En grand nombre, ces chenilles sont souvent très-nuisibles aux champs de colza, dont elles font parfois manquer la récolte, mais les ichneumons et les oiseaux viennent contre-balancer heureusement ces fâcheux effets, car ils en détruisent beaucoup ; d'autres périssent par les rudes hivers.

La chrysalidation s'opère dans un endroit bien abrité et l'éclosion du papillon a lieu au bout d'une quinzaine de jours, ou bien il passe l'hiver sous forme de chrysalide.

Piéride daplidicé

sur le Navet cultivé.

PIÉRIDE DAPLIDICÉ.

PIERIS DAPLIDICE, SCHRK.

THE GREEN-CHEQUERED WHITE. — RESEDA FALTER.

Lin, SYST. NAT. I (1758) p. 468. — Hübn. PAP., pl. 82, f. 414-18, p. 63. — E-p. SCHM., 1, pl. 3, f. 3, p. 62. — Ochsenb., SCHM. EUR. I, 2, p. 156. — Boisd. IND. METH., p. 4, n° 21. — ANN. DE LA SOC. ENT. BELGE, I, p. 6. — Spey. GEOGR. VERB., I, p. 274.

PAPILIO DAPLIDICE, Lin. — P. EDUSA, Fab. — PONTIA DAPLIDICE, Steph. — *Var.* : BELLIDICE.

Ce piéride habite une assez grande étendue du nord de l'Afrique, et, suivant Herbst, on l'observerait même au cap de Bonne-Espérance; on le rencontre aussi aux Indes et aux îles Canaries; le Musée de Berlin possède des individus pris sur l'île de Ténériffe et en Syrie; d'après Kollar et Redtenbacher, cette espèce ne serait pas rare dans la partie méridionale de la Perse; Ménétries la mentionne comme commune dans les steppes du Caucase. En Europe, ce papillon se rencontre presque partout, sauf dans l'extrême Nord; il n'est pas rare dans le sud de la Suède et de la Russie, en Allemagne, en France, dans le midi de l'Angleterre et en Italie; il est très-rare en Belgique où on l'a cependant observé dans toutes les provinces. La variété *Bellidice* n'a pas encore été vue dans notre pays.

La chenille vit en été et en automne sur le réséda jaune (*Reseda lutea*), les choux (*Brassica*), la tourette (*Turritis glabra*), le radis (*Raphanus raphanistrum*), les sisymbre (*Sisymbrium sophia*) et sur le tabouret des champs (*Thlaspi arvense*). L'insecte parfait vole une quinzaine de jours après la chrysalidation.

Aurore de la Cardamine
sur la Cardamine des prés.

AURORE DE LA CARDAMINE.

ANTHOCARIS CARDAMINES, BOISD.

THE ORANGE-TIP. — AURORA FALTER.

Lin., Syst. nat., I (1758), p. 468. — Hübn., Pap., pl. 83 et 84, p. 63. — Esp., Schm. I, pl. 4
f. 1, p. 64, et pl. 27 suppl. III, f. 2, p. 318. — Ochsenh. 1, 2, p. 176. — Boisd. Ind. meth.
p. 5. — Ann. de la soc. ent. belge, I, p. 7. — Spry. Geogr. verb. I, p. 273.
Papilio cardamines, Lin. — Pontia cardamines, Steph. — *Var. :* Minora.

Ce papillon est répandu dans l'ouest de l'Asie et dans toute l'Europe ;
on le rencontre depuis la Laponie jusqu'en Sicile, et depuis l'Espagne
et la Grande-Bretagne jusqu'aux monts Altaï. Il est très-commun en
Belgique, dans les prés et les clairières des bois, depuis la fin d'avril
jusqu'en juin.

La chenille de cette jolie espèce vit, en juin et juillet, aux dépens
d'un grand nombre de Crucifères, telles que réséda jaune (*Reseda lutea*),
cardamine (*Cardamines pratensis* et *impatiens*), alliaire (*Alliaria officinalis*), tourette (*Turritis glabra*), chou (*Brassica campestris*), tabouret
(*Thlaspi arvense*), bourse-à-pasteur (*Capsella bursa-pastoris*), moutarde
(*Sinapis nigra*), etc. On trouve presque toujours deux ou trois chenilles
sur la même plante, où elles se tiennent allongées le long des siliques,
dont elles se nourrissent de préférence. La chrysalide, dont la forme est
assez remarquable, est d'abord verte avec des stries blanchâtres de
chaque côté de la partie gibbeuse ; au bout de deux à trois semaines
cette couleur se transforme en gris jaunâtre ou roussâtre, mais les stries
restent les mêmes. Cette chrysalide hiverne et éclôt au printemps.

1. Leucophasie de la moutarde.
2. var. Diniensis
sur la Gesse des prés.

LEUCOPHASIE DE LA MOUTARDE.

LEUCOPHASIA SINAPIS, STEPH.

THE WOOD WHITE. — SENFFALTER.

Lin S. N. X, p. 468; F. S. p. 271. — Esp. SCHM. I, pl. 3 f. 4, p. 59. — Hübn. PAP. pl. 82, f. 410,
411 p. 64. — Ochsenh. SCHM. EUR. I, 2 p. 169. — Boisd. IND. METH. p. 6, n° 33. — Steph.
CAT. OF BRIT. LEP. p.5.—ANN. DE LA SOC. ENT. DE BELG. I, p. 7, n° 9.— Spey. GEOGR. VERB. I,
p. 276. — Staud. CAT. p. 4, n° 54.

PAPILIO SINAPIS, L. — P. CANDIDA, Retz. — LEUCOPHASIA LOTI, Reu. — PONTIA SINAPIS, Treits.—
var.: LEPTOSIA LATHYRI, Hb. — LEUCOPHASIA DINIENSIS, Dup. — AMURENSIS, Mén. — *ab.*:
(fem.) ERYSIMI, Bork.

Cette espèce vit aussi bien dans les plaines que dans les régions
montagneuses, et habite presque toute l'Europe jusque près de la
zone Arctique. On la rencontre en Scandinavie, en Livonie, en Russie,
en Allemagne, en Belgique, en Grande Bretagne, en France, en Italie,
en Dalmatie et en Espagne ; il paraît qu'elle n'existe pas en Hollande,
mais elle n'est pas rare sur les monts Altaï et dans la Sibérie occidentale et méridionale. La var. *Diniensis* est propre à l'Europe méridionale
et à l'Asie occidentale, mais on la rencontre parfois aussi dans la province de Namur ; la var. *Amurensis* se trouve en Daourie et dans les
provinces de l'Amour.

La chenille vit en juin et en septembre sur le lotier (*Lotus corniculatus*), la gesse des prés (*Lathyrus pratensis*) et le trèfle (*Trifolium pratense*) ; il semblerait que cette chenille dût vivre sur la moutarde,
d'après le nom que Linné a donné à son papillon, mais elle n'a jamais
été trouvée sur cette plante ni sur aucune autre Crucifère.

Le papillon vole en mai et au commencement de juin, et paraît une
seconde fois à la fin de juillet jusqu'en août. Il est assez commun chez
nous, sur les coteaux boisés et dans les prés humides de la forêt de
Soignes, mais il est très-rare dans la Hesbaye. L'aberration *Erysimi* est
peu constante.

Coliade solitaire
sur l'airelle des fanges .

COLIADE SOLITAIRE.

COLIAS PALAENO, BOISD.

SCHWEFELGELBER FALTER

Lin. F. S. p. 272. — Hubn. PAP. pl. 86, f. 434-35, p. 67. — Esp. SCHM. I, pl. 42, f. 1, 2, p. 367. — Ochsenh. SCHM. EUR. I, 2, p. 184. — Boisd. IND. p. 7, n° 44. — Spey. GEOGR. VER. I, p. 266. — ANN. DE LA SOC. ENT. BELGE (compte-rend.), XIV, p. XII. — Staud. CAT. p. 5, n° 58.

PAPILIO PALAENO, L. — P. EUROPOME, Esp. — P. PHILOMENE, Hb. — *Var* : LAPPONICA, Stgr. = WERDANDI, H. S. — EUROPOME, Ochs. — *Ab.* : WERDANDI (fem.) H. S. = PALAENO (fem. ab.) H. S. = PHILOMENE, Dup.

Ce papillon habite l'Islande (Lacordaire), la Laponie, la Scandinavie, la Russie, l'Allemagne et la chaine des Alpes. Il se trouve également au Groenland (Scoresby), au Labrador ? et dans les provinces de l'Amour ? (Staudinger), en Sibérie (Eversmann), ainsi que dans l'Inde sur les monts Nilgherris (Delessert). Plusieurs exemplaires de cette espèce ont été pris en Belgique, à la Maison Hestreux (Hertogenwald), par M. Maassen d'Elberfeld. Ce savant lépidoptérologiste a bien voulu donner trois de ces exemplaires pour la collection de notre Société entomologique.

La chenille, qui nous est inconnue (¹), vit en mai sur l'airelle des fanges (*Vaccinium uliginosum*). L'insecte parfait vole en juillet et août.

---

(1) Nous sommes obligés de figurer quelques espèces sans leurs chenilles : celles-ci étant peu ou point connues. Nous donnerons cependant à la fin de l'ouvrage, sur une planche supplémentaire, toutes celles que nous pourrons nous procurer, et qui n'auront pas été représentées auprès de l'insecte parfait.

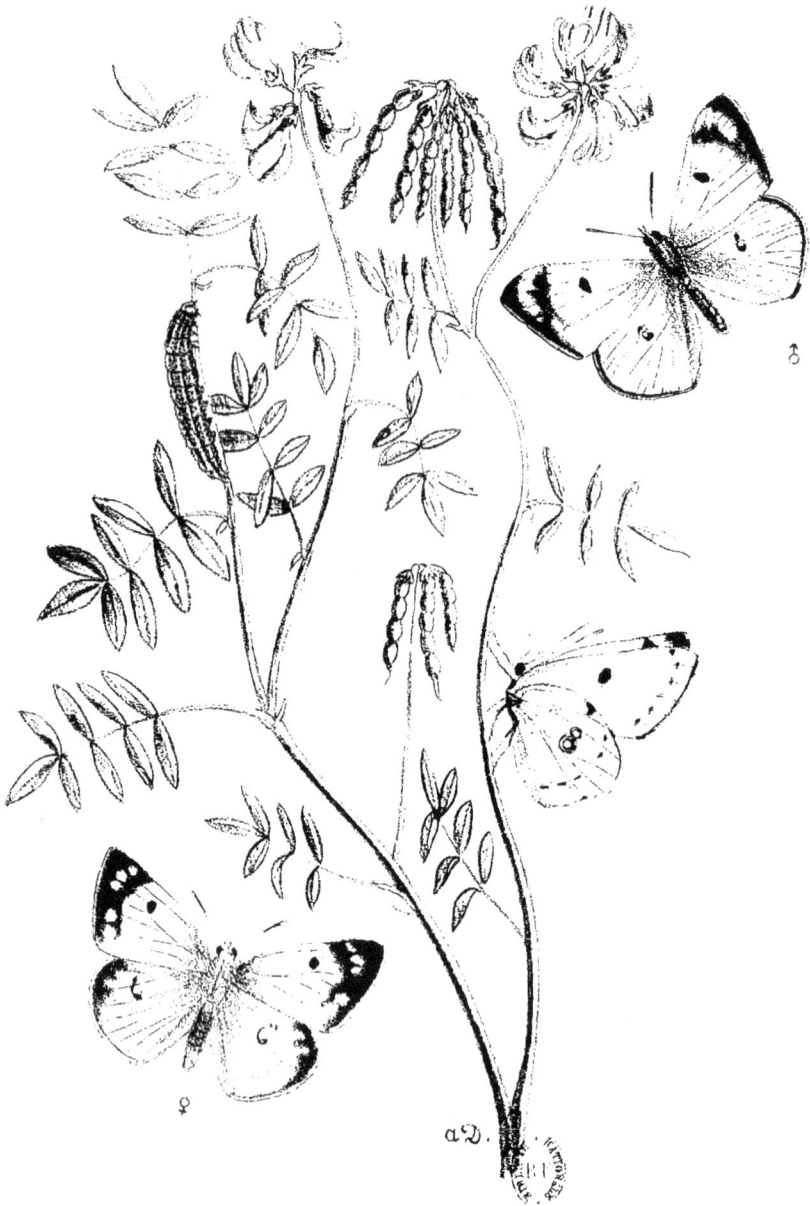

Coliade soufre
sur la Coronille bigarrée.

COLIADE SOUFRE.

COLIAS HYALE, STEPH.

THE PALE CLOUDED YELLOW. — KORNWICKENFALTER.

Lin. S. N X, p. 469.— Hubn. Pap. pl. 87, p. 438. — Ochsenh., Schm. Eur. I, 2, p. 181. — Boisd., Ind. meth., p. 7, nº 47. — Selys, Enum. p. 30. — Ann. de la Soc. ent. de Belg. I, p. 8, nº 11. — Spey. Geogr. verb. 1, p. 265. — Staud. Cat. p. 5. nº 64.

Papilio hyale, Lin. — P. Palæno, Esp. — *ab.* : heliclides, Selys. — Sareptensis, Staud.

Ce joli papillon habite la majeure partie de l'ancien monde : on le trouve dans presque toute l'Europe, sauf dans l'extrême nord, ainsi que sur les monts Altaï, en Sibérie, en Transcaucasie, en Asie mineure (Lederer), sur l'Himalaya (v. Hügel), en Chine où il paraît être commun, au Japon (Musée de Leyde), au Népaul, en Algérie et dans les autres pays du nord de l'Afrique (Boisduval), en Egypte et en Nubie (Rüppell); suivant Cramer, on le rencontrerait même à la Jamaïque et au Cap de Bonne-Espérance. En Belgique il est commun dans les champs de Luzernes et dans les prairies sèches.

La chenille, qui est difficile à découvrir à raison de sa couleur verte, vit solitairement sur la coronille bigarrée (*Coronilla variegata*) et sur différentes légumineuses du genre *Vicia*; elle paraît en juin et en septembre. Les papillons de la première génération volent en juillet et août, ceux de la seconde, en mai de l'année suivante.

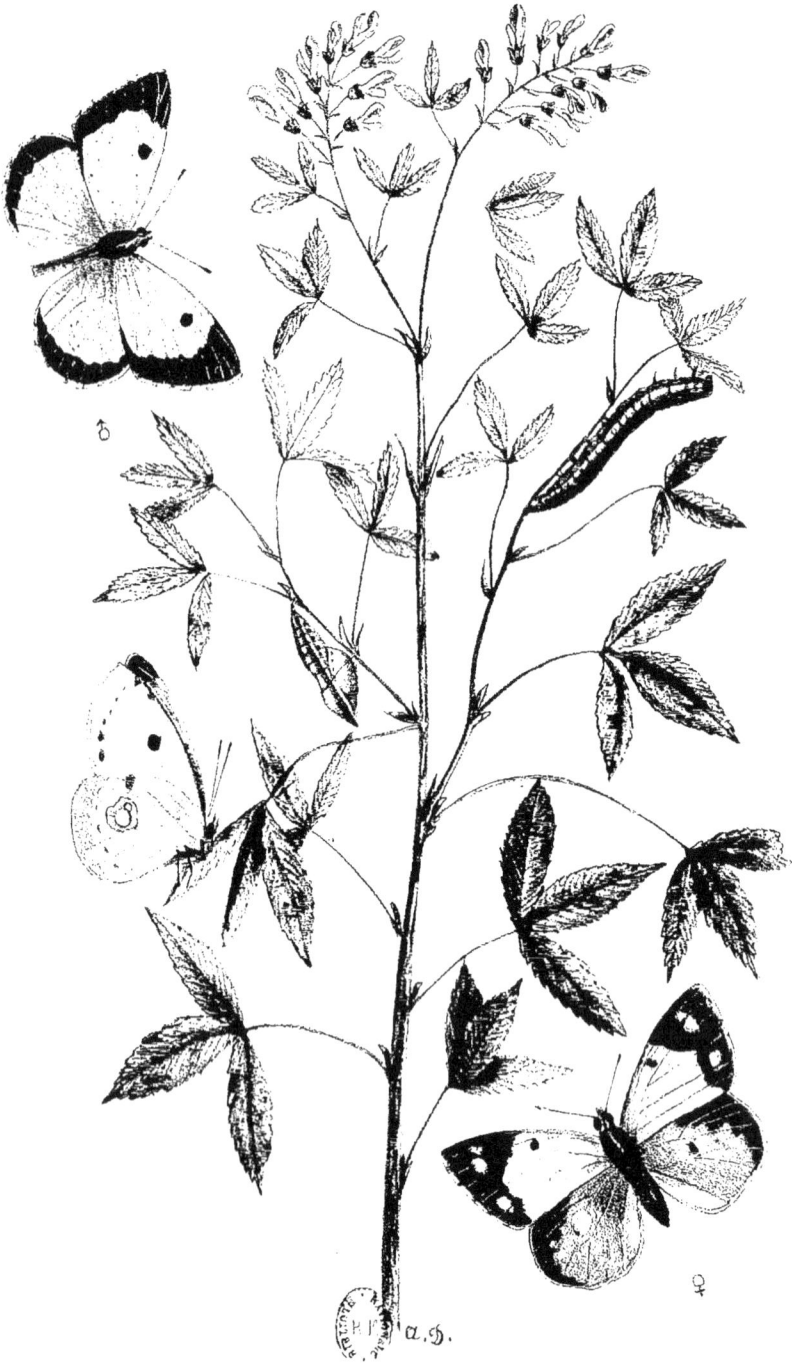

Coliade souci.

sur la Luzerne

COLIADE SOUCI.

COLIAS EDUSA, BOISD.

THE CLOUDED YELLOW. — GEISSKLEEFALTER.

Hübn., PAP., pl. 83, f. 429-31. — Esp. SCHM., I, pl. 4, f. 3. — Ochsenh. SCHM EUR., I, 2. p. 173. — Boisd. IND., p. 7, n° 38. — Boisd. et Ramb. COLL. ICON. DES CHEN. (*Pap.*), pl. 3, f. 5, 6. — ANN. DE LA SOC. ENT. BELGE, I, p. 7, n° 10. — Spey. GEOGR. VERB., I, p. 268.

PAPILIO EDUSA, Fab. — P. CROCEUS, Four. — P. HYALE, Don. — P. ELECTRA, Lew. — *Var.* : P. HELICE, Hb. — P. EDUSA-ALBA, Haw. — COLIAS CHRYSOTHEME, Step. — C. MYRMIDONE, West.

Cette espèce est répandue dans presque toute l'Europe, dans l'Est de l'Asie (Asie mineure, Népaul, Himalaya), en Afrique (îles Canaries, Algérie, Égypte, Nubie, Abyssinie) et dans l'Amérique du Nord entre le 49me et le 41me degré de latitude. En Europe, on ne rencontre guère ce papillon dans les pays plus septentrionaux que la Courlande, mais il est plus ou moins commun, suivant les années, dans toutes les contrées du centre et du midi de notre continent, ainsi qu'en Angleterre. Il est assez abondant dans les dunes belges. La var. *Helice* (1), qui est commune dans certaines parties de la France et de l'Allemagne, a également été observée plusieurs fois en Belgique.

La chenille vit en août et septembre, parfois même déjà en juin, sur la luzerne, les trèfles et le cytise (*Cytisus laburnum*). Pour se métamorphoser, elle tapisse de soie une tige ou le dessous d'une feuille, et après s'être attachée par la partie anale et par un lien transversal, elle se change en chrysalide. L'insecte parfait éclot au bout d'une quinzaine de jours ou au printemps, suivant que la métamorphose a eu lieu en été ou en automne.

---

(1) Il est à remarquer que l'espèce d'albinisme qui caractérise cette variété ne se rencontre que chez la femelle.

Gonoptéryx du nerprun,

sur la Bourdaine.

GONOPTERYX DU NERPRUN.

GONOPTERYX RHAMNI, STEP.

BRIMSTONE. — KREUZDORN FALTER.

Ochsenh., t. I, 2, p. 186. — Esp., t. I, pl. IV. — Spey., GEOGR. VERB., t. I, p. 261. — Boisd., p. 6, n° 35. — PAPILIO RHAMNI. Lin. — P. CANICULARIS, Retz.

Ce papillon est répandu dans presque toute l'Europe, dans une grande partie de l'Asie, dans le nord de l'Afrique, ainsi qu'en Californie ; il est généralement commun dans la plupart des contrées de notre continent. Il se tient dans les plaines aussi bien que dans les hautes régions montagneuses.

On trouve la chenille durant tout l'été, mais principalement depuis le mois de mai jusqu'en juillet, sur le nerprun purgatif (*Rhamnus catharticus*), la bourdaine (*R. frangula*), quelquefois aussi sur les chênes (*Quercus pedunculata* et *sessiliflora*). Lorsque cette chenille est parvenue à la fin de sa croissance, elle choisit un lieu convenable où elle s'attache par la partie anale, et s'entoure le corps d'un fil dont les deux extrémités sont fixées à la branche sur laquelle elle se trouve. La chenille est transformée au bout d'une couple de jours en une belle chrysalide verte qui jaunit quelque temps avant l'éclosion. Quinze jours après la chrysalidation, le papillon se débarrasse de son enveloppe pour aller voltiger dans les chemins découverts des forêts, dans les clairières, ainsi que dans les prairies et les jardins. La femelle dépose alors ses œufs, qui sont d'une couleur jaune, sur les plantes nourricières.

Thècle du bouleau

sur le Bouleau.

THÈCLE DU BOULEAU.

THECLA BETULÆ, step.

THE BROWN HAIRSTREAK. — WEISSBIRKENFALTER.

Hübn., Pap., pl. 76, f. 583-85, p. 58. — Esp., Schm., I, pl. 19, f. 1, p. 256. — Ochsenh., Schm. Eur., I, 2, p. 113. — Boisd., Ind., p. 8, n° 48. — Sepp., Nederl. ins., III, pl. 12. — Ann. de la Soc. ent. belge, I, p. 9. — Spey., Geogr. verb., I, p. 264.

Papilio betulæ, Lin.

Ce papillon est répandu dans une grande partie de l'Europe et dans les pays limitrophes de l'Asie. On le rencontre depuis l'Angleterre jusqu'à l'Altaï, et depuis Christiania jusqu'en Italie; il est surtout abondant en Allemagne, en Suisse, en Hollande, en France et dans le Piémont; en Belgique il est assez commun dans les jardins et dans les bois.

On trouve la chenille, depuis avril jusqu'à la fin de juin, sur le bouleau (*Betula alba*), le prunier (*Prunus domestica*) et le prunellier (*P. spinosa*). La chrisalidation a lieu dans le courant de juin ou au commencement de juillet.

L'insecte parfait éclot au bout de quinze à vingt jours; il vole à la fin d'août et parfois même encore en septembre; si la saison est avancée, on le rencontre parfois déjà vers la fin de juillet.

Thècle du Prunellier,

sur le Prunellier.

THÈCLE DU PRUNELLIER.

THECLA SPINI, step.

SWALLOW HAIRSTREAK. — SCHLEHEN FALTER.

Ochsenh., t. I, p. 103. — Esp., t. I, pl. XXXIX. — Frey., t. VI, pl. 961. — Spey., Geogr. Verb., p. 260. — Boisd., p. 8, n° 54. — Papilio spini, Hüb. — P. lynceus, Esp. — Hesperia spini, Fab. — Polyommatus spini, God.

Ce papillon se rencontre dans le voisinage du Volga, en Allemagne, en Suisse, en Belgique, en France, en Italie, en Espagne et en Asie Mineure; il est assez commun dans plusieurs localités de ces pays, tandis qu'il est rare dans d'autres.

La chenille vit sur le nerprun purgatif (*Rhamnus catharticus*) et le prunellier (*Prunus spinosa*). Elle hiverne et ne continue son développement qu'au printemps de l'année suivante; ce n'est que vers la fin de mai ou dans le courant de juin qu'elle parvient à sa grandeur normale. Cette espèce de chenille n'est jamais commune, mais on en trouve cependant parfois plusieurs sur une même plante; au moindre attouchement, elles retirent leur tête dans le premier anneau du corps. A l'approche de l'époque de leur métamorphose, elles deviennent d'un brun rougeâtre et s'attachent au moyen d'un fil à une branche pour se transformer en chrysalide, ou bien cette transformation a lieu sur la terre dans un endroit bien abrité. L'insecte parfait quitte sa chrysalide au bout de douze à quinze jours : on peut alors se le procurer en juin et en août. Il recherche particulièrement les lisières des bois exposées au soleil et les clairières dans les environs desquelles croissent les plantes nourricières des chenilles, ainsi que le séneçon Jacobéc (*Senecio Jacobœa*).

Thècle W blanc
sur l'Aubépine.

THÈCLE W BLANC.

THECLA W ALBUM, STEPH.

THE BLACK HAIRSTREAK. — ZICKZACKSTREIFIGER FALTER.

Hübn. Pap. pl. 75, f. 380-81, p. 58. — Bergs., Nomenkl., pl. 71, f. 1, 2. — Lang, Verz. II, p. 45. — Ochsenh., Schm. Eur , I, 2, p. 109. — Bois f. Ind. meth., p. 8, n° 30. — Boisd., Chen. d'Eur.. pl. 1, f. 1-5. — Ann. de la soc. ent. belge. I, p. 9. — Spey. Geogr. verb I, p. 178. Papilio W album, Knoch. — P. pruni, Bergs. — P. W latinum, Lang. — Polyommatus W album, Boisd.

Ce papillon est peu répandu : on le trouve dans le midi de l'Allemagne, en Angleterre et dans quelques parties de la France et de l'Italie; on le rencontre également en Livonie et sur les rives du Volga. C'est une espèce rare et locale pour la Belgique; on la prend parfois dans quelques parties montagneuses et boisées des bords de l'Ourthe et de la Meuse, ainsi qu'aux environs de Bruxelles et de Louvain.

On trouve la chenille à la fin de mai et au commencement de juin, sur l'orme (*Ulmus campestris*) et l'aubépine (*Cratægus oxyacantha*); suivant M. Boisduval, on la verrait assez communément aux environs de Paris. Lorsque cette chenille est sur le point de se métamorphoser, elle prend une teinte brunâtre. L'insecte parfait vole au bout de deux ou trois semaines.

Thècle de Lyncée,
sur le Chêne.

THÈCLE DE LYNCÉE.

THECLA LYNCEUS, FABR.

THE LYNCEA HAIRSTREAK. — STEINEICHENFALTER.

Hübn., Pap. tab. 75, p. 57. — Esp., Schm. I Theil, tab. XXXIX. sup. XV, p. 353. —
Ochsenh.. Die Schmet. v. Eur., t. I, p. 105. — Sepp, Nederl. Ins , t. I, pl. I, p. 1. —
Boisd. p. 8, nᵒ 53. — Spey., Geogr. verb., t. I. p. 261.
Thecla ilicis, Hb. — *Var.* Cerri, H.

Ce papillon est répandu dans l'Europe centrale et dans le midi : on le rencontre au nord, jusque dans la partie méridionale de la Suède et de la Finlande, mais ne dépassant pas le 57ᵉ degré de latitude ; à l'est, jusqu'aux monts Ourals et le Caucase ; à l'ouest, jusqu'au Portugal. Il n'existe pas en Grande-Bretagne, mais on le rencontre en Syrie. On l'observe donc dans la majeure partie de l'Europe, surtout dans les pays abondamment pourvus de chênes ; il est plus ou moins commun en Allemagne, en Hollande, en Belgique, en France, en Italie et en Espagne.

La chenille se trouve en mai sur les différentes espèces de chênes ; en Orient, elle se tient presque uniquement sur le *Quercus ægilops.* Elle prend une teinte rougeâtre à l'approche des métamorphoses, et se fixe alors sur les feuilles ou sur les tiges des rameaux.

L'insecte parfait vole à la fin de juin et en juillet dans les forêts de chênes, sur les lisières des bois et dans les clairières émaillées de fleurs.

Le *T. aesculi*, H. n'est probablement qu'une variété climatérique du *Lynceus;* il est commun au Caucase, sur les Sept-Montagnes, en Andalousie, au Portugal et dans certaines parties de l'Italie.

Thècle du Prunier,
sur le Prunier goutte d'or de Goë.

THÈCLE DU PRUNIER.

THECLA PRUNI, STEPH.

THE DARK HAIRSTREAK. — PFLAUMENFALTER.

Lin., s. n., I., p 482. — Hübn., Pap., pl. 76. f. 386-87, p. 58. — Hufn., Tab. im Berl. Mag., II, p. 68. — Esp., Schm., I, pl. 19, f. 3, p. 259 et pl. 39, suppl. XV, f. 1ᵃ, p. 353. — Ochsenh., Schm. Eur., I, 2, p. 111. — Boisd., Ind. Meth., p. 8, n° 49. — Ann. de la Soc. ent. belge, I, p. 9. — Spey., Geogr. verb., I, p, 262. — Staud., Cat. Lep., p. 7, n° 86.

Papilio pruni, Lin. — P. prorsas, Hufn. — Thecla spini, Brit. B.

Ce joli petit papillon habite la Suède, la Norwége, le Danemark, la Livonie, la Russie, l'Allemagne, la Grande-Bretagne, la Hollande, la Belgique, la France et l'Italie ; il se trouve également sur l'Altaï et dans le nord de l'Asie, mais c'est dans l'Europe centrale qu'il est le plus répandu. Pour la Belgique, c'est une espèce rare et tout à fait locale : on l'a prise plusieurs fois dans les provinces de Luxembourg et de Namur, ainsi que dans les environs de Bruxelles et de Louvain.

On trouve la chenille en mai et en juin sur le prunellier (*Prunus spinosa*), le prunier (*P. domestica*), le chêne (*quercus robur*) et l'épine-vinette (*Berberis vulgaris*). L'insecte parfait éclot une quinzaine de jours après la chrysalidation de la chenille. Il vole en juin, juillet et parfois encore en août.

Thècle du chêne,

sur le Chêne.

THÈCLE DU CHÊNE.

THECLA QUERCUS, STEPH.

THE PURPLE HAIRSTREAK. — EICHENFALTER.

Hübn., Pap., pl. 73, f. 368-70, p. 56. — Esp., Schm., I, pl. 19, f. 2, p. 262. — Ochsenh., Schm. Eur., I, 2, p. 96. — Boisd., Ind., p. 8, nº 55. — Sepp, Nederl. ins., III, pl. 45, p. 151. — Ann. de la Soc. ent. belge, I, p. 10. — Spey., Geogr. verb., I, p. 260.

Papilio quercûs, L. — *Var.*: Flavomaculata, Lien. de Verd.

Ce papillon habite la Suède, la Norwége, la Livonie, les rives du Volga, la Crimée, l'Allemagne, la Hollande, la Belgique, l'Angleterre, la France, la Suisse et l'Italie. Il n'est pas rare dans la plupart de ces pays, bien qu'il ne soit nulle part très-abondant.

On trouve la chenille vers la fin de mai et en juin sur le chêne, où elle se tient cachée à la partie inférieure des feuilles. La chrysalidation se fait vers la fin de juin. L'insecte parfait prend son vol au bout d'une quinzaine de jours; on le rencontre alors, en juillet et août, sur les lisières des bois et dans les clairières riches en chênes.

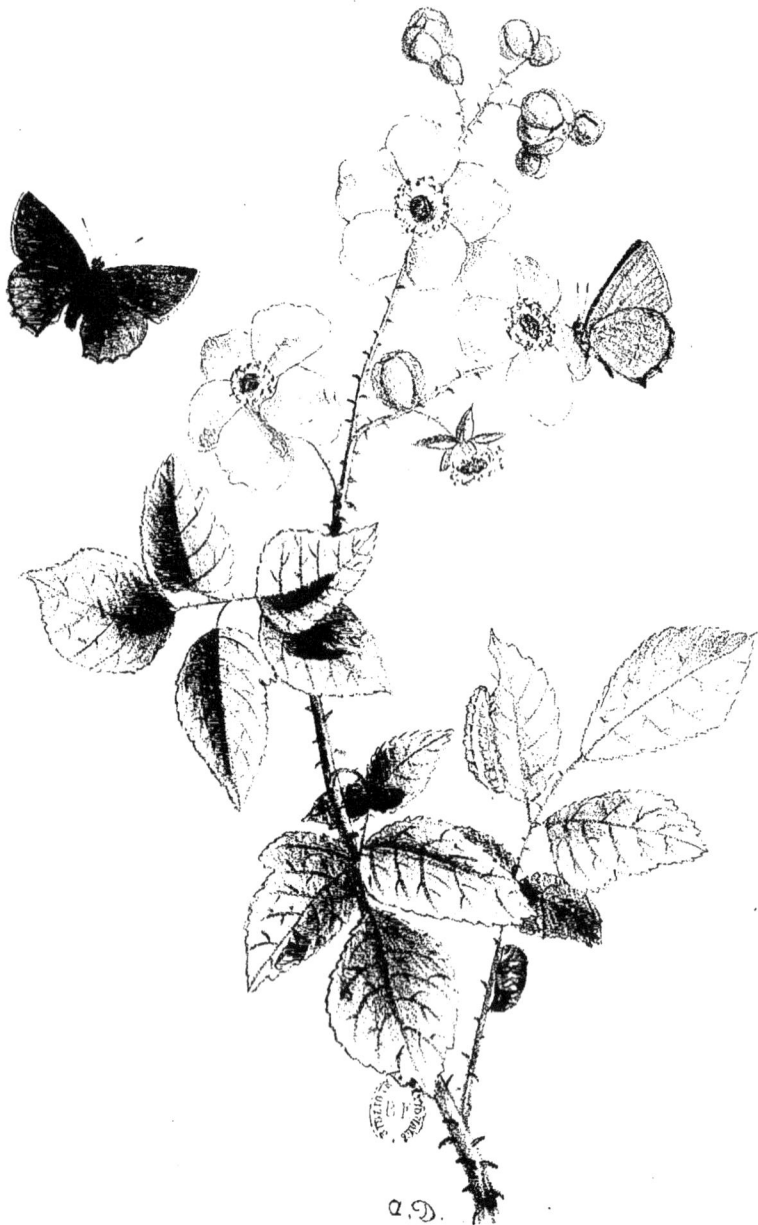

Thècle de la ronce,
sur la Ronce frutescente.

THÈCLE DE LA RONCE.

THECLA RUBI, steph.

THE GREEN HAIRSTREAK. — BROMBEERFALTER.

Lin. S. N. X, p 483. — Hubb. Pap. pl. 72, p. 55. — Esp. Schm. 1, pl. 21 f. 2, p.279. — Ochsenh. Schm. Eur. I, 2, p. 91. — Boisd. Ind. meth. p. 8, nº 57. — Treitsch. Eur. Tagf. I, p. 189.— Steph. Cat, Brit. Lep., p. 15. — Ann. de la soc. ent. de Belg. I, p. 10, nº 19. - Spey. Geogr. verb. I, p. 259. — Staud. Cat. p. 7, nº 94.

Papilio rubi, L. — Lycæna rubi, Tr.

Cette espèce habite toute l'Europe, l'Asie occidentale et l'Algérie. En Belgique elle est commune dans les bois et sur les collines couvertes de broussailles.

La chenille vit sur les ronces (*Rubus cæsius* et *fruticosus*), les genêts (*Genista tinctoria* et *scoparia*), le sainfoin (*Hedysarum onobrychis*) et le chêne (1); suivant le *Dessauer verz.*, elle vivrait de préférence sur le prunellier (*Prunus spinosus*) et l'amandier à amandes amères; M. Kaltenbach ajoute encore aux plantes nourricières de cette chenille les cytises (*Cytisus austriacus, nigricans* et *capitatus*), ainsi que le *Ledum palustre* (2). On trouve la chenille dans toute sa taille à la fin de l'été ; elle passe l'hiver en chrysalide et ne donne son papillon qu'en avril ou en mai de l'année suivante. Celui-ci se repose indifféremment sur toutes les fleurs qu'il rencontre.

---

(1) Ann. de la Soc. ent. Belge I, p. 10

(2) Archives cosmologiques. p. 265.

Polyommate de la verge d'or

sur la Solidage verge d'or.

POLYOMMATE DE LA VERGE D'OR.

POLYOMMATUS VIRGAUREÆ, STEP.

SCARCE COPPER. — GOLDRUTHEN FALTER.

Ochsenh., t. II. p. 85. — Esp.,t. I, pl. XXII. — Frey., N. Beitr., t. II, p. 33. - Spey., Geogr. Ver., t. I, p. 253. — Boisd.. p. 9, n° 61. — Papilio virgaureæ, Lin. — Chrysophanus virgaureæ, Dalm. — Lycæna virgaureæ, Cuv.

La plus grande partie de l'Europe et de l'Asie est la patrie de cette espèce ; on la rencontre particulièrement en Russie, en Suède, en Norwége, en Danemark, en Allemagne, en Suisse, en Italie, en France, en Belgique et en Hollande. Elle est plus commune dans les régions montagneuses que dans les pays. de plaines.

Ce papillon voltige en juillet et août, particulièrement entre les berges sèches et abondamment couvertes de fleurs, ainsi que sur les lisières et dans les clairières des bois.

La chenille, qui a un aspect velouté, se trouve en mai et en juin sur la solidage verge d'or (*Solidago virga-aurea*), sur la patience crépue (*Rumex crispus*), sur l'oseille (*R. acetosa*) et sur la petite oseille (*R. acetosella*). Lorsqu'elle a atteint son entier développement, elle se suspend au moyen de quelques fils à une tige à peu d'élévation du sol ; à dater de ce moment sa transformation en chrysalide a lieu, et le papillon, auquel elle donne naissance, vient à éclore une quinzaine de jours après la métamorphose de la chenille.

Polyommate satiné,
sur l'Oseille sauvage.

POLYOMMATE SATINÉ.

POLYOMMATUS HIPPOTHOË, STAUD. (I).

THE PURPLE-EDGED COPPER. — STAHLBLAUSTRAHLIGER FALTER.

Lin. F. S. II, p 274 — Hubn. PAP. pl. f8. f. 337-8, p 53. — Esp. SCHM. I, pl. 22, f. 3, pl. 28, f. 5, pl. 100, f. 2 (ab.) — Ochsenb. SCHM. EUR. 1, 2, p. 79 et 81 (var.) - Boisd. IND p. 9, n° 64. — Frey. BEITR. pl. 596. - Steph. CAT. B. LEP. p. 16. — ANN. DE LA SOC ENT. B I, p. 12. — Spey. GEOGR VERB. I, p. 255 — Staud. CAT. p. 8, n° 109.

PAPILIO HIPPOTHOË L. (1761) — P. CHRYSEIS. Schiff. (1776). — P. EURYDICE, Rott. — LYCÆNA CHRYSEIS. Step. - POLYOMMATUS CHRYSEIS, Boisd. - CHRYSOPHANUS CHRYSEIS, Step. – *Var.:* EURYBIA, O. — STIEBERI, Gerh. — CANDENS, H. S. — *Ab.:* CONFLUENS, Gerh.

On rencontre ce joli papillon en Scandinavie, en Russie, en Allemagne, en Hollande, en France, en Italie et en Turquie; en Belgique il a été pris plusieurs fois dans les Ardennes; il existait également en Grande-Bretagne, mais il paraît qu'on ne l'y rencontre plus. La var. *Eurybia* est propre aux Alpes et aux monts Altaï; la var. *Stieberi* habite la Laponie, et la var. *Candens* est répandue dans le N.-E. de l'Asie mineure et dans l'Hyrcanie.

La chenille vit à la fin de mai et en juin sur l'oseille (*Rumex acetosa* et *acetosella*); on la rencontre une seconde fois en septembre. La chrysalidation se fait, d'après M. Freyer, sur la terre nue. Le papillon vole depuis la fin de juin jusque vers le milieu de juillet; il se pose volontiers sur les *Lychnis*, les *Trollius* et les *Ranunculus*.

La chenille de cette espèce n'est connue que depuis peu d'années; c'est M. Freyer qui le premier en a donné la figure que nous reproduisons sur notre planche.

---

(1) On confond parfois le *Papilio hippothoë*, Lin. avec le *P. hippothoë*, Lew.; ce dernier est synonyme de *P. dispar*. Hw., tandis que le premier est le *chryseis* des auteurs.

Polyommate circé
sur le Genêt.

POLYOMMATE CIRCÉ.

POLYOMMATUS CIRCE, ILLIG.

THE CIRCE-COPPER. — KUPFERBRAUNER-FALTER.

Hübn., Pap , pl 67, f. 334-36, p. 55. — Wien. Verz., p. 181. — Hufnag., Berl. Magaz., II,
  p. 68. — Esp. Schm., I, pl. 35, suppl. XI, f. 1, 2, p. 339. — Ochsenh., Schm. Eur , I, 2, p. 70.
  — Boisd., Ind. Meth., p. 9. — Ann. de la soc. ent. belge, I, p. 11. nº 21. — Spey., Geogr.
  verh. I, p. 235.
Papilio circe, Hübn. — P. Xanthe et Garbas, Fab. — P. dorilis, Hufn. — P. phocas, Esp. —
  Var. : Subalpina, Sp. = Montana, M. D. — Obscurior.

Ce papillon est fort répandu en Europe ; on le rencontre aussi bien
dans les plaines que sur les montagnes, jusqu'aux limites de la végétation arborescente, où il est représenté par sa variété *Subalpina*. On
l'observe dans la vallée du Volga. en Allemagne, en Hollande, en Belgique, en France, en Italie, en Dalmatie et en Turquie ; il est rare en
Syrie et n'a jamais été observé en Grande-Bretagne.

La chenille vit, en juin et en septembre, sur le genêt (*Genista scoparia*); M. O. Wilde indique en outre le genre patience (*Rumex*), sans
indication d'espèce, comme plantes nourricières de cette chenille. Pour
la chrysalidation elle s'attache aux tiges des plantes par la partie caudale et à l'aide d'un fil transversal. L'insecte parfait vole en mai et en
juillet.

La var. *Obscurior* est rare en Belgique. Le mâle n'a pas, en-dessus,
de bordure antiterminale fauve ; la femelle a tout le dessus des ailes
d'un brun foncé, sur lequel se dessinent les points noirs et la bordure
antiterminale fauve.

Polyommate phloeas,

sur la petite Oseille.

POLYOMMATE PHLŒAS.

POLYOMMATUS PHLŒAS, BOISD.

GOLDEN COPPER. — GOLDFARBIGER FALTER.

Ochsenh., t. I, 2, p. 87. — Esp., t. I, pl. XXII. — Frey., t. II, pl. 151. — Spey.,
GEOGR. VERB., t. I, p. 253.— Boisd , p. 9, nº 59.— PAPILIO PHLŒAS, Lin.— P. VIRGAU-
REÆ, Scop. — LYCÆNA PHLŒAS, Step. -- CHLOROPHANUS PHLŒAS, West.

Ce gentil petit papillon habite la Turquie, la Russie, la Suède, la
Norwége, le Danemark, l'Allemagne, la Suisse, la Hollande, la Belgique, la Grande-Bretagne, la France, l'Italie, les îles Canaries et les
monts Himalaya; il est généralement assez répandu dans ces différentes contrées.

La chenille a acquis son complet développement vers les mois d'avril
et de mai ; on la trouve à cette époque sur différentes espèces de patiences, telles que la patience à feuilles obtuses (*Rumex obtusifolius*),
la patience crépue (*R. crispus*), l'oseille (*R. acetosa*), la petite oseille
(*R. acetosella*) et la patience à écusson (*R. scutatus*). La métamorphose ne tarde pas à se faire et la chrysalide est attachée à une tige au
moyen d'un fil. Le papillon vient à éclore au bout de deux à trois semaines environ; il va alors voltiger de fleur en fleur dans les prairies,
ou bien sur la lisière des bois, ou même dans les endroits découverts de
l'intérieur des forêts. Depuis le mois d'août jusqu'en octobre, on voit
encore des individus de cette espèce, mais provenant alors d'une seconde génération.

Polyommate hellé,

Sur la Renouée bistorte.

POLYOMMATE HELLÉ.

POLYOMMATUS HELLE, STEP.

AZURE COPPER. — AZUR-SCHILLERNDER FALTER.

Ochsenh., t. I, 2, p. 68. — Esp., t. I, pl. LVIII. — Frey., BEITR., t. 1, pl. VIII. — Spey., GEOGR. VERB., t. I, p. 252 — Boisd., p. 9, n° 69. — PAPILIO HELLE, Lin. — P. AMPHIDAMUS, Koch. — HESPERIA HELLE, Fab. — LYCÆNA HELLE, Cuv.

Ce polyommate se rencontre en Sibérie, sur les monts Altaï, en Russie, en Finlande, en Suède, en Allemagne, en Suisse, en Belgique et en France.

La chenille vit, pendant les mois de juillet et d'août, principalement sur la renouée bistorte (*Polygonum bistorta*), mais on la trouve encore sur les patiences maritime (*Rumex maritimus*), crépue (*R. crispus*), à feuilles obtuses (*R. obtusifolius*) et oseille (*R. acetosa*). Cette chenille est difficile à apercevoir, car sa couleur ressemble beaucoup à celle des plantes qui lui servent de nourriture, ce qui est cause qu'elle passe souvent inaperçue.

La chrysalidation se fait près de la terre et la chenille se fixe à cet effet contre une tige et passe l'hiver sous forme de chrysalide. L'éclosion ne s'opère qu'au mois de mai de l'année suivante et, à cette époque, le papillon prend ses joyeux ébats dans les chemins bordés de fleurs, principalement dans les prairies marécageuses. La femelle est ordinairement plus rare que le mâle.

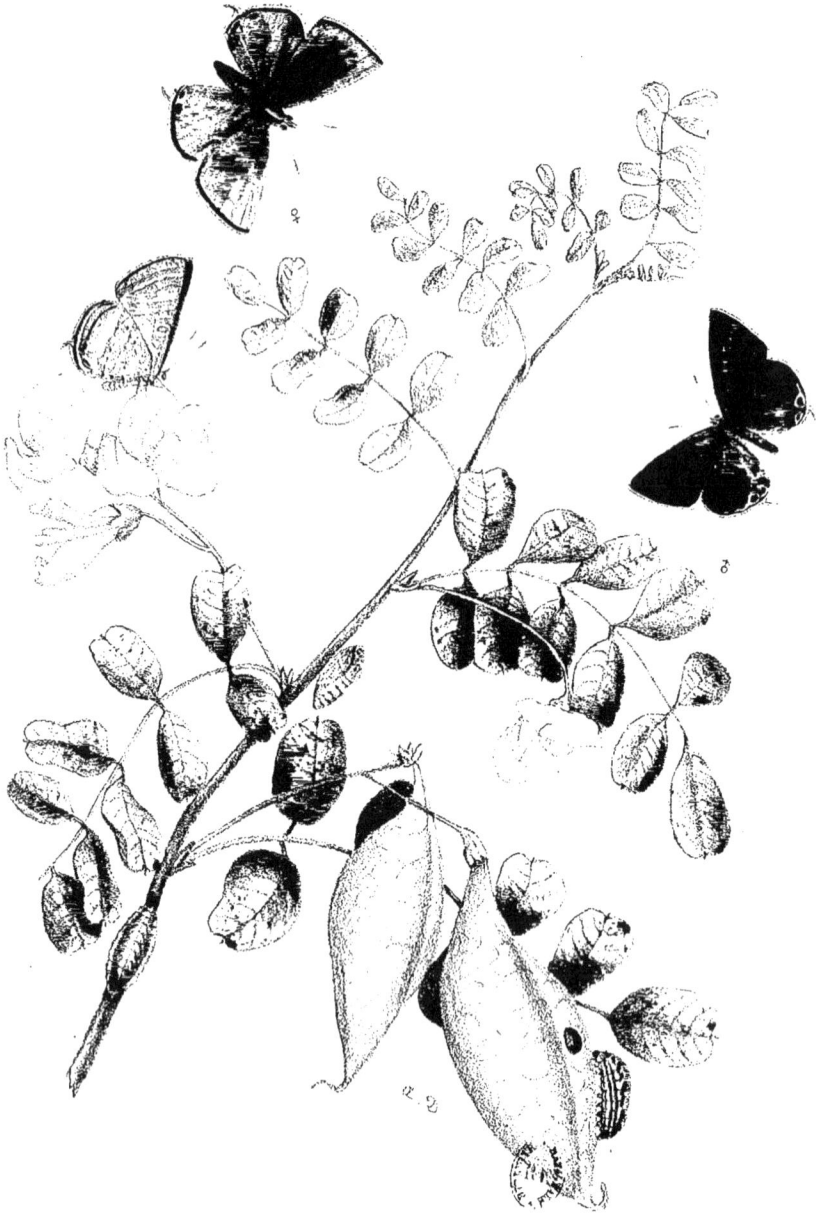

Lycène bleu strié

sur le Baguenaudier.

LYCÈNE BLEU STRIÉ.

LYCÆNA BOETICA, BOISD.

BLASENSTRAUCHFALTER.

Lin. S. N. XII, p. 789. — Esp. Schm. pl. 27, f. 3, a, b, p. 319. — Rossi, Faun. Etr. II,
p. 155. — Ochsenh., Schm. Eur. I, 2, p. 99. — Boisd. Ind. p. 10, n° 70. — Ann. de la
Soc. ent. belge I, p. 12. — Spey. Geogr. verb. I. p. 251. — Mill. Icon. de chen. et
lép. I, p. 245, pl. 4. — Staud. Cat. p. 9.

Papilio boeticus, L. — P. baetica, auct. — P. coluteæ, Rossi

Ce joli petit papillon habite l'Europe méridionale, la Perse, le plateau
des Nilgherris, l'île de Java, les Canaries, l'île Ste-Hélène, l'Algérie,
l'Égypte, l'Abyssinie, le Cap de Bonne-Espérance et, suivant G. Koch,
l'Australie (New-Sidney). Il paraît être assez répandu dans certaines
parties de la Suisse, mais il ne se montre qu'accidentellement dans
la province Rhénane. En Belgique il a été pris dans les environs de
Louvain par M. de Fré.

La chenille vit en août et septembre dans les gousses du baguenaudier (*Colutea arborescens*), dont elle ronge les graines encore vertes.
Avant d'atteindre toute sa taille, elle passe plusieurs fois d'un fruit
à un autre. A l'approche de la chrysalidation, cette chenille s'échappe
de la gousse qui la protégeait pour aller se fixer, la tête en haut, à une
branche de l'arbuste.

Suivant M. P. Millière, ce lycène n'a qu'une époque, bien qu'il ait
plusieurs générations qui se succèdent sans interruption. On le voit
voler abondamment dans le midi de la France depuis la mi-août jusqu'à
la fin d'octobre. Les œufs, pondus à la fin de la saison, n'éclosent qu'au
printemps.

Les chenilles et la chrysalide de notre planche sont faites d'après les
figures données par M. Millière.

1. Lycène argiade,
   sur le Sainfoin.
2. Lycène astrarché,
   sur le trèfle des Prés.

LYCÈNE ARGIADE.

LYCÆNA ARGIADES, Staud.

HOPFENKLEEFALTER.

Pall. Reise, I, p. 472. — Rott. Naturf., VI, p. 23. — Hubn. Pap. pl. 65, f. 322-24. — Esp. Schm. t. pl. 34, f. 1, 2. — Ochsenh. Schm. Eur. I. 2, p. 59 et 61. — Boisd. Ind. p. 10, n° 72. — Ann. de la Soc. ent. b. I, p. 13. — Spey. Geogr. verb I, p. 250. — Staud. Cat. p 9, n° 128.

Papilio argiades. Pall (1771). — P. tiresias, Rott (1775). — P. amyntas, Schiff. (1776). — Lycæna amyntas, Boisd. — Ab : Coretas, O. — Polysperchon, Berg.

Habite l'Europe centrale et méridionale, sauf la Grande-Bretagne et la Péninsule Ibérique. Il est rare en Belgique où on le prend parfois sur les roches calcaires des environs de Namur. On le rencontre également dans l'Asie occidentale et dans les provinces de l'Amour.

La chenille vit en juin, août et septembre sur le lotier *(Lotus corniculatus)*, le sainfoin *(Onobrychis sativa)* et le nerprun *(Rhamnus frangula)*. L'insecte parfait vole en mai, juillet et août.

LYCÈNE ASTRARCHÉ.

LYCÆNA ASTRARCHE, Staud.

THE BROWN ARGUS. — FEUERBLAUER FALTER.

Bergstr. Nom. III, p. 4, pl. 49. — Esp. Schm I, pl. 32, f. 1. — Hubn. Pap. pl. 62, f. 303-5. — Ochsenh., Schm. Eur. I, 2, p. 44. — Boisd. Ind. p. 11, n° 82. — Step. Brit. Lep. p. 19. — Ann. de la Soc. ent. b., I, p. 16. — Spey. Geogr. verb. I. p. 234. — Staud. Cat. p. 11, n° 155.

Papilio astrarche, Berg. (1779) — P. agestis, Schiff. (pro parte). — P. medon, Esp — P. idas, Lew. — Lycæna agestis, Boisd. — Polyommatus agestis, Step. — Var. : Artaxerxes, Fab. — Salmacis, Step. — Ab. : Allous, Hb.

Habite toute l'Europe à l'exception des régions boréales ; on le rencontre également dans le nord de l'Afrique et dans l'Asie occidentale jusqu'aux monts Himalaya. Il est commun en Belgique, surtout sur les collines des bords de la Meuse et de l'Ourthe. Les var. *Artaxerxes* et *Salmacis* sont propres à la Grande-Bretagne.

La chenille, qui nous est inconnue, vit, dit-on, sur les trèfles.

L'insecte parfait vole à la fin du printemps et au milieu de l'été.

Lycaene égon.

sur la Colutée arborescente.

LYCAENE ÉGON.

LYCÆNA ÆGON, FAB.

SILVER-STUDDED BLUE. — GEISSKLEE FALTER.

Ochsenh., t. I, 2, p. 57. — Esp., t. 1, pl. CI. — Freyer, NEUE BEITR., t II, pl. 175. — Speyer, GEOGR. VERB., t. I. p. 233. — Boisd, p. 10, n° 76. — PAPILIO ÆGON, Schiff. — P. ALSUS, Esp. — P. PHILONONUS, Bork. — P. ARGYROTOXUS et P. ARGYRA, Borgstr. — P. ARGUS, Lew. — P. MARITIMUS, Haw. var. — POLYOMMATUS ALCIPPE, Herby. — P. ARGUS, Step.

Cette espèce est répandue dans presque toute l'Europe; on la rencontre particulièrement en Russie, en Suède, en Allemagne, en Suisse, en Hollande, en Belgique, en Grande-Bretagne, en France, en Italie et en Espagne.

On rencontre ce papillon pendant les mois de juin et de juillet (1), dans les plaines et sur les montagnes jusqu'à une hauteur considérable; mais le plus souvent il se tient sur les collines abondamment pourvues de fleurs, ainsi que dans les parties boisées ou herbeuses des montagnes; on le rencontre généralement dans ces localités en assez grand nombre.

La chenille vit sur le genêt d'Allemagne (*Genista Germanica*), le cytise faux-ébénier (*Cytisus laburnum*), le mélilot officinal (*Melilotus officinalis*), l'ajonc d'Europe (*Ulex Europæus*) et la colutée arborescente (*Colutea arborescens*). A l'approche du temps de la métamorphose, cette chenille devient d'une teinte verdâtre; elle s'attache alors, au moyen d'un fil très-mince, contre une tige pour se transformer en chrysalide, de laquelle l'insecte parfait sort au bout d'une quinzaine de jours.

---

(1) Nous avons cru nécessaire d'indiquer, pour chaque espèce, l'époque à laquelle on pouvait trouver le papillon et la chenille; mais nous devons cependant faire remarquer qu'il est presque impossible de donner pour ces indications une époque fixe, parce que le développement d'un papillon ou d'un œuf est toujours soumis aux influences de la température qui varie considérablement pendant certaines années.

Lycène Baton
sur la Gesse sauvage.

LYCÈNE BATON.

LYCÆNA BATON, Bergstr.

FAHLBLAUER FALTER.

Bergstr. Nomencl., pl. 60, f. 6-8, 11. p. 18. — Esp. Schm. I. pl. 53, f. 1, p. 18. — Hubn.
Pap. pl. 66, f. 325-27, p. 51. — Borkh. Eur. Schm. I. p. 160. — Ochsenh. Schm. Eur.
I. 2, p. 63. — Boisd. Ind., p. 10. n° 73. — Spey. Geogr. verb. I, p. 230. — Ann. de la
Soc. ent. B., xv, p. xxxiv. — Staud. Cat. p. 10, n° 146.

Papilio baton, Bergstr. (1779). — P. amphion, Esp. (1780). — P. hylus, Fab. (1787). —
P. hylas, S. V. (1789). — ? P. hylactor, Bergstr. — Lycæna hylas, Boisd. —
L. baton, Staud. — Var. : Panoptes, Hb. — Abencerragus, Pier.

L'aire de dispersion de cette espèce a pour limites : au Nord la côte
septentrionale de la Prusse, au Sud l'Algérie et la Syrie, à l'Ouest
l'Espagne (var. *Panoptes*) et la France, et à l'Est l'Altaï. On rencontre
donc ce lycénide dans la Russie centrale et méridionale, en Allemagne,
en Dalmatie, en Italie, en Sicile, en Corse, en France, en Turquie, sur
les monts Altaï, en Transcaucasie et en Algérie ; il ne se montre que
tout accidentellement en Belgique, où il a été pris à Annevoye (Namur)
par feu MM. Fallon et Pôlet, et près d'Arlon par M. Dutreux. La var.
Panoptes se rencontre dans l'Europe méridionale et occidentale.

La chenille n'est pas connue.

L'insecte parfait vole en mai et en août sur les berges exposées au
soleil. Nous l'avons figuré sur la gesse sauvage, mais il n'est pas certain
que la chenille vive sur cette plante.

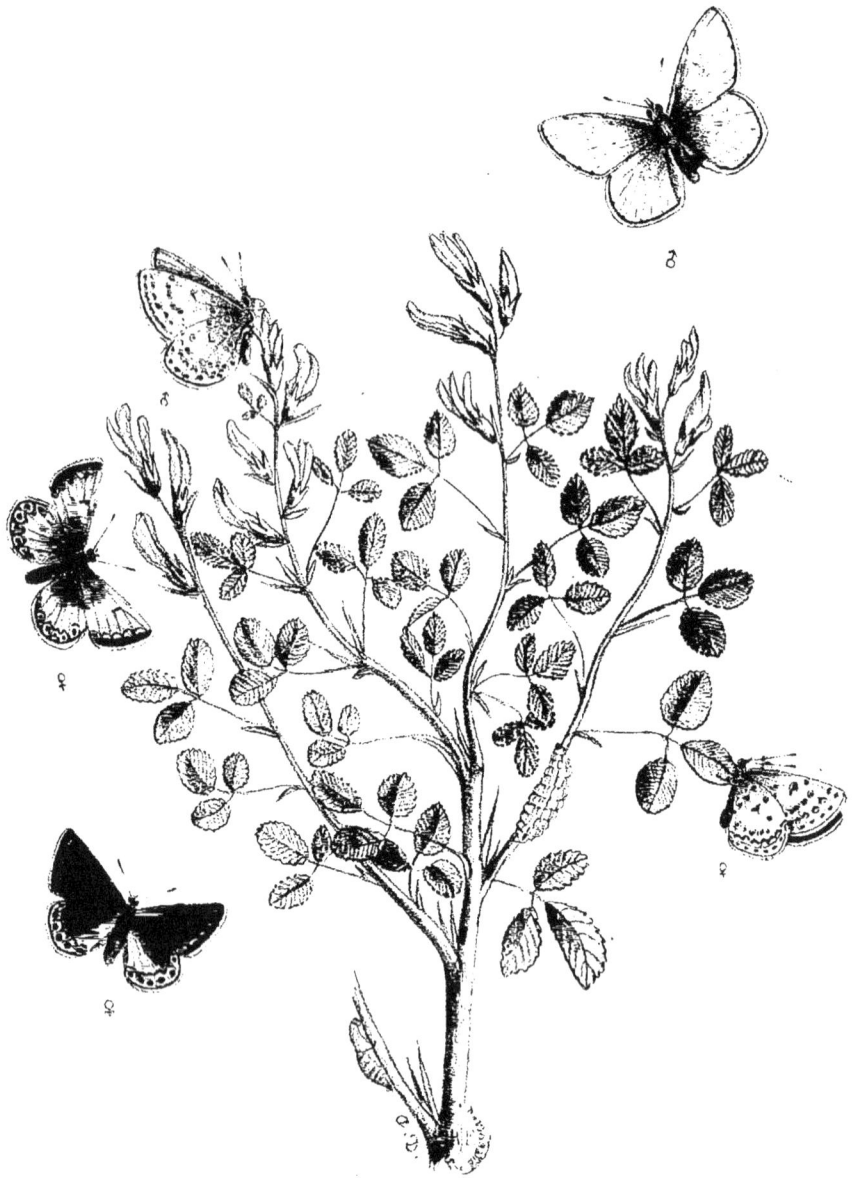

Lycaene alexis.
sur la Bugrane rampante.

LYCÆNE ALEXIS.

LYCÆNA ICARUS, staud.

THE COMMON BLUE. — HAUHECHEL-FALTER.

Hübn., Pap. pl. 60, f. 292-94, p. 48. — Esp. Schm., pl. 50. suppl. 26, f. 2, 3, p. 387. — Ochsenh., Schm. Eur., I. 2. p. 38. — Boisd. Ind. meth. p. 11, n° 89. — Steph., Cat. Brit. lep. p. 18. —Ann. de la Soc. ent. de Belg., I, p. 15, n° 56.— Spey., Geogr. verb. I, p. 237.

Papilio icarus, Rott. — P. Alexis, Sch. — P. Argus, Berk. — P. Thetis (fem.) Esp. — Polyommatus Alexis, Step. — Lycaena dorylas, Leach. — var : Papilio Polyphemus, Esp.— P. icarinus. (aber.) Scr. — Polyommatus Labienus, Jerm. = P. eros, Step. — P. Lacon (fem.) Jerm.—P. dubius (fem.), Kirby. — P. icarius, (fem.), Step. — P. Thestylis, (aber.) Jerm. — Persica, Bien. — Thersites, Bdv. — Agestoides, de Sel. — Alexius, Fr.

Ce lycæne habite toute l'Europe, les îles Canaries, le Nord de l'Afrique et l'Asie occidentale. En Europe on le rencontre depuis la zone polaire jusqu'en Espagne et en Grèce. Il est très commun en Belgique.

La chenille vit en mai, juillet et août sur les bugranes ou arrête-bœufs *(Ononis spinosa et arvensis)*, le fraisier (*Fragaria vesca*), le genêt (*Genista*), la luzerne (*Medicago sativa*), les trèfles (*Trifolium*) et le faux-réglisse (*Astragalus glycyphyllos)*. La chrysalidation se fait à découvert contre une branche.

L'insecte parfait est commun dans les prairies en juin et juillet, puis à la fin d'août jusque vers le milieu de septembre.

La var. *Agestoides* est tout-à-fait brune en dessus. La var. *Thersites,* est commune près de Ciney, sur les collines arides; elle diffère du type par l'absence des deux points doubles de la base du revers des ailes supérieures.

Lycaene adonis.
sur la Coronille bigarrée.

LYCAENE ADONIS.

LYCÆNA ADONIS, BOISD.

ADONIS BLUE. — ADONIS FALTER.

Ochsenh., t. I, 2, p. 33. — Esp., t. I, pl. XXXII. — Frey., t. VI, pl. 487. — Spey., GEOGR. VERB., t. I, p. 239. — Boisd., p. 12, n° 94. — PAPILIO ADONIS, Lin. — P. CE-RONUS, Hüb., var. — P. BELLARGUS Esp. — P. VENILIA, Bergst. — P. SALACIA, Berg. — P. THETIS, Bork. — P. HYACINTHUS, Lew. — POLYOMMATUS ADONIS, Step.

La licaene Adonis est rare en Suède, mais elle est plus répandue dans plusieurs contrées de l'Allemagne, en Grande-Bretagne, en Belgique, en France, sur les Pyrénées, en Italie, en Croatie et en Dalmatie.

La chenille vit depuis le mois de mai jusqu'en juin, sur la coronille bigarrée (*Coronilla varia*), le pied d'oiseau (*Ornithopus perpusillus*), le genêt des teinturiers (*Genista tinctoria*), le genêt à tige ailée (*G. sagittalis*). Pendant le jour elle se tient ordinairement cachée au revers des feuilles ou sur la terre. La chrysalidation se fait contre une tige ou à la surface du sol; lorsque le temps est favorable, le papillon se dégage de sa chrysalide au bout d'une quinzaine de jours et quelquefois même plus tôt. Il commence aussitôt ses évolutions, qui se prolongent durant tout le mois de mai. Ce papillon paraît une seconde fois en juillet, mais généralement dans les endroits bien exposés au soleil et abondamment pourvus de fleurs, et surtout dans les localités où le sol est riche en carbonate calcaire.

Lycaene bleu nacré
sur le Tréfle des prés.

LYCÆNE BLEU NACRÉ.

LYCÆNA CORYDON, BOISD.

THE CHALK-HILL BLUE. — SILBERBLAUER FALTER.

Hübn. Pap., pl. 59, f. 286-88, p. 47. — Esp. Schm., t. I, pl. 55, f. 4, p. 553. — Ochsenh., Schm. Eur., t. I, 2, p. 28. — Boisd. Ind. Meth., p. 12, n° 96 et Icon. chen., pl. 2, f. 1-3. — Ann. de la Soc. Ent. Belge, t. I, p. 14. — Spey. Geogr. Verb., t. I, p. 240.
Papilio corydon, Scop. — (Fem.) Prothys, Esp. — Polyommatus corydon, Steph. — Argus corydon, Boisd. — Var. : Apennina, Zell. — Hispana, H. Sch. — Albicans, Boisd. — Corydonius H. Sch. — Polona, Zell. — Polyommatus calæthis, Germ.

Cette espèce est propre à l'Europe tempérée : on la trouve dans le midi de la Russie, en Allemagne, en Hollande, en Angleterre, en France, en Suisse, en Italie, en Espagne, en Portugal et en Turquie; en Belgique, elle est commune sur les collines calcaires des bords de la Meuse, de l'Ourthe et autres localités analogues ; on l'a même déjà rencontrée aux environs de Bruxelles et de Louvain.

La chenille se trouve en mai et en juin sur les trèfles, le lotier (*Lotus corniculatus*), l'hippocrèpe (*Hippocrepis comosa*), le sainfoin (*Onobrychis sativa*), la coronille (*Coronilla varia*) et sur plusieurs espèces de vesces (*Vicia*). Elle se tient cachée durant le jour et ne se montre que la nuit, sur les plantes nourricières. Cette chenille ressemble beaucoup à celle du *L. Adonis*, mais on peut facilement la distinguer de cette dernière par sa couleur d'un vert foncé et la petitesse de ses stigmates.

L'insecte parfait éclôt en juillet et août.

1. Lycène azuré, 2. L. demi-argus,
Sur le Mélilot officinal.

LYCÈNE AZURÉ.

LYCÆNA HYLAS, Esp.

FEINBLAUER FALTER.

Esp. Schm. I, pl. 45, f. 3, p. 375 (mas.), pl. 55. f. 1. (fem.).— Hubn. Pap. pl. 60, f. 289-91.—
Ochsenh., Schm. Eur. I, 2, p. 31. — Boisd. Ind. p. 12, n° 95. — Ann. de la Soc. ent.
B., I, p. 15. — Spey. Geogr. verb. I, p. 238. — Staud. Cat. p. 12, n° 167.

Papilio hylas, Esp. — P. dorylas, Hb. — P. argester, Bergstr. — P. thetis (fem.),
Esp. — P. golgus (ab.), Hb. — Lycæna dorylas, Boisd. — L. hylas, Staud. —
Var. : Armena, Staud. — Nivescens, Kef.

C'est une espèce subalpine qui habite l'Europe centrale et méridionale, à l'exception de la Grande Bretagne ; on la trouve aussi en Asie mineure. En Belgique on la rencontre dans plusieurs localités de la partie orientale du pays. La var. *Armena* habite l'Arménie, et la *Nivescens*, l'Andalousie et les montagnes calcaires de la Catalogne.

La chenille n'est pas connue. Le papillon vole en juin et en juillet.

LYCÈNE DEMI-ARGUS.

LYCÆNA SEMIARGUS, Rott.

THE MAZARINE BLUE. — WOLLBLAUER FALTER.

Rott. Naturf. vi, p. 20. — Schiff. W. V. p. 182. — Esp. Schm. I, pl. 21, f. 1, p. 277. —
Hüb. Pap. pl. 56 f. 269-71. — Ochsenh. Schm. Eur. I, 2, p. 14. — Boisd. Ind. p. 12,
n° 100. — Ann. de la Soc. ent. B. I, p. 13. — Spey. Geogr. verb. I, p. 247. — Staud.
Cat. p. 14, n° 179.

Papilio semiargus, Rott. (1775). — P. acis, Schiff. (1776). — P. argiolus, Esp. —
P. cimon, Lew. — Polyommatus acis, Steph. — Lycæna acis, Boisd. —
L. semiargus, Staud. — Var.: Bellis, Frey. — Parnassia, Staud. — Helena,
Staud. — Antiochena, Led.

Habite toute l'Europe, la Sibérie, les provinces de l'Amour et l'Asie occidentale. Ce lycène est très commun dans les bois et les prés de la Belgique, depuis le mois de juin jusqu'à la fin de l'été. Les variétés ont pour patrie : *Bellis*, Asie mineure et Hyrcanie ; *Parnassia*, Grèce septentrionale ; *Helena*, Grèce méridionale ; *Antiochena*, Syrie et Lydie.

La chenille vit sur les mélilots (*Melilotus officinalis et arvensis*) et sur le faux-réglisse *(Astragalus glycyphyllos)*.

Lycène damon
sur le Sainfoin.

LYCÈNE DAMON.

LYCÆNA DAMON, BOISD.

HAHNENKOPFFALTER.

Schiff. S. V. p. 182-83. — Hubn. PAP. pl. 57, f. 275-77, p. 45. — Esp. SCHM. I. pl. 33, f. 5, p. 336. — Ochsenh. SCHM. EUR. I, 2, p. 19. — Boisd. IND. p. 13, n° 106. — ANN. DE LA SOC. ENT. BELGE I, p. 14. — Spey. GEOGR. VERB. I, p. 242. — Staud. CAT. p. 13, n° 172.

PAPILIO DAMON, Schiff. — P. BITON, Esp. — *Var.:* DAMONE, Ev. — POSEIDON, Ld. — DAMOCLES, IPHIGENIA et CARMON, H. S. — CÆRULEA, Stgr. — ACTIS, H. S. = ATHIS, Frey.

Cette espèce habite la vallée du Volga, le Caucase, l'Altaï, l'Asie mineure, les Alpes, les Pyrénées, l'Italie, la Dalmatie et l'Allemagne méridionale ; elle est rare dans le nord de la France, et ne se montre que tout accidentellement en Hollande et en Belgique : M. de Fré l'a découverte dans des prairies des environs d'Anvers.

Les variétés ont pour patrie : *Damone*, l'Oural et l'Hyrcanie ; *Poseidon*, le N.-E. de l'Asie mineure ; *Damocles*, le même pays que la précédente plus l'Arménie ; *Iphigenia*, l'Asie mineure ; *Carmon*, l'Arménie ; *Cærulea*, l'Hyrcanie ; *Actis*, l'Asie mineure, l'Arménie, l'Hyrcanie et les Alpes.

C'est une espèce alpine, dont la chenille vit sur le sainfoin (*Hedysarum onobrychis*) et sur l'esparcette (*H. supinum*). On la trouve à la fin de mai, et l'insecte parfait vole en juillet.

Ce papillon est très commun dans les parties montagneuses du midi de la France.

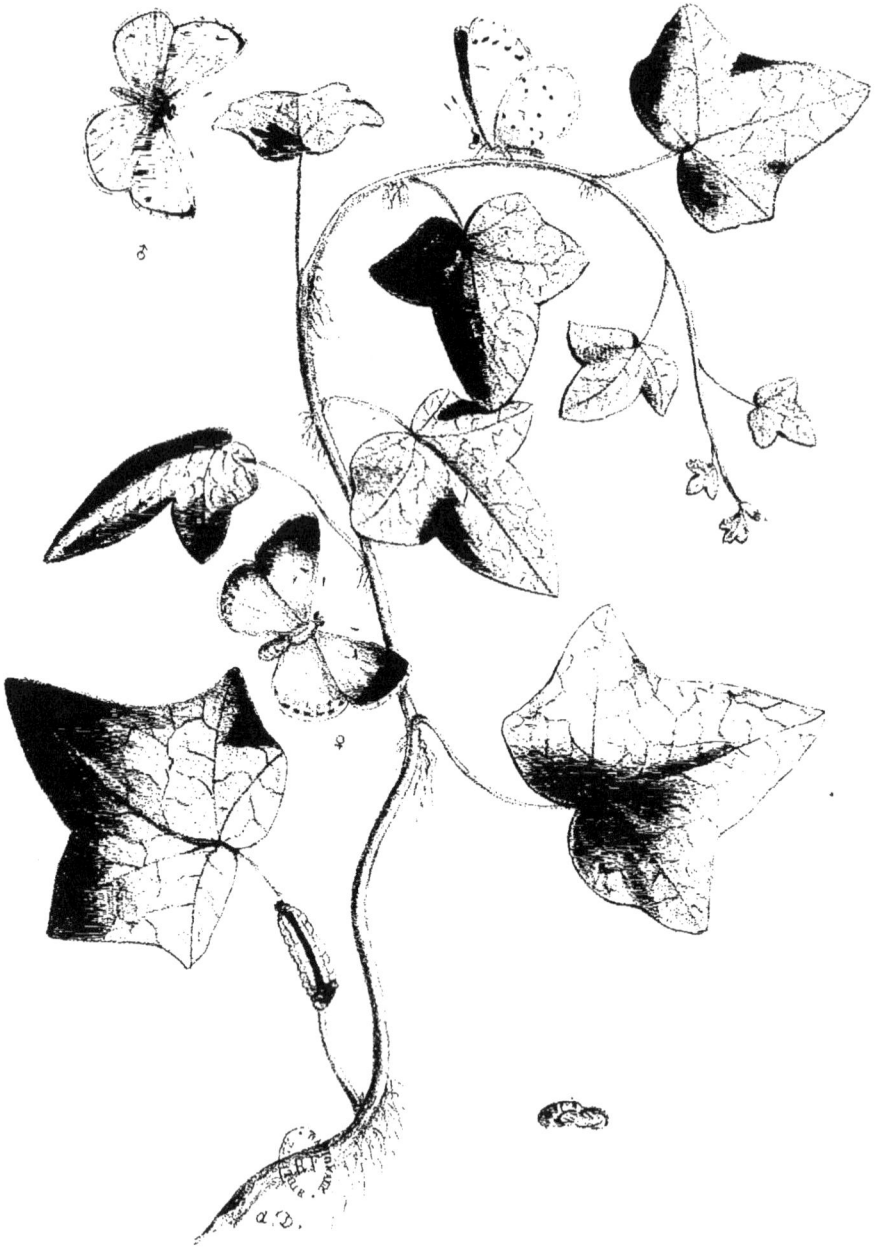

Lycaene argiole.
sur le Lierre.

LYCÆNE ARGIOLE.

LYCÆNA ARGIOLUS, BOISD.

THE AZURE-BLUE. — FAULBAUM-FALTER.

Lin., S. N., X, 483; F. S. 284. — Hübn., PAP., pl. 57, f. 272-74, p. 46. — Esp., SCHM. I, pl. 40, suppl. 16, f. 3, p. 360. — Ochsenh., SCHM. EUR., I, 2, p. 17. — Boisd., IND. METH., p. 13, nᵒ 109. — Frey,, NEUE BEITR., VII, pl. 651, p. 87. — Steph., CAT. BRIT. LEP., p. 17. — ANN. DE LA SOC. ENT. BELGE, I. p. 13. nᵒ 29. — Spey., GEOGR. VERB. I, p. 249. — Staud. CAT. LEP. p. 13, nᵒ 176.

PAPILIO ARGIOLUS, L. — P. CLEOBIS, Esp. — P. ACIS, H. — POLYOMMATUS ARGIOLUS, Step.— var : HYPOLEUCA, Koll.—PAPILIO CIMON, Lew.—P. THERSAMON, ARGYPHONTES et ANGALUS, Bergst.

Ce gentil papillon est répandu dans presque toute l'Europe, sauf dans les contrées boréales: on le rencontre jusqu'au 63ᵒ. Il habite également le Caucase, la Sibérie, les monts Altaï, l'Himalaya, l'Amérique septentrionale et l'Algérie.

On trouve la chenille, en mai et en juin, sur la callune (*Calluna vulgaris*), le robinier (*Robinia pseudo-acacia*), le nerprun (*Rhamnus frangula*) et « le lierre (*Hedera helix*) (1) ». Les métamorphoses ont lieu à terre et la chrysalide hiverne.

L'insecte parfait est assez commun en avril et mai, et une seconde fois vers le milieu de l'été. Il vole rapidement autour des arbres et des arbustes et s'y repose, tandis que ses congénères ne quittent pas les plantes herbacées.

---

(1) D'après les *Ann. de la Soc. ent. belge*, I, p. 14

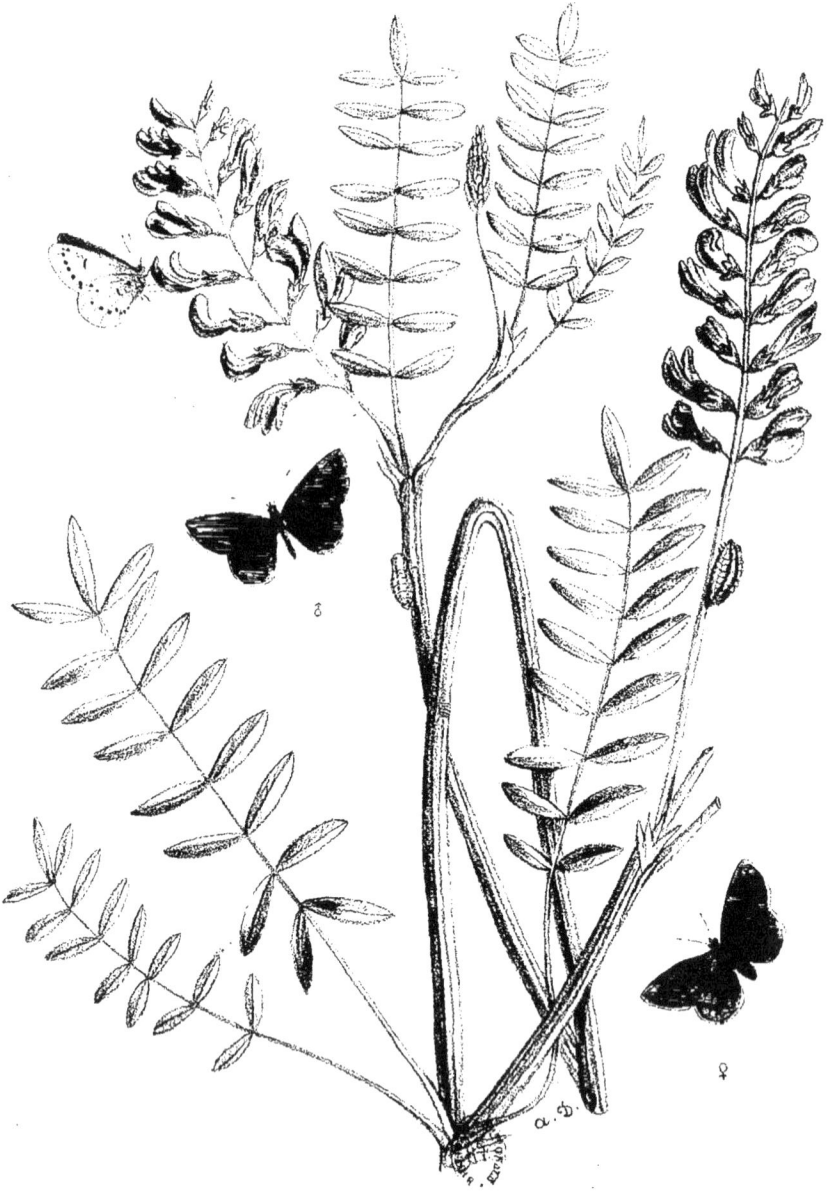

Lycène minime
sur le Sainfoin.

LYCÈNE MINIME.

LYCÆNA MINIMA, staud.

THE SMALL BLUE. — LAZURBLAUER FALTER.

Fuessl. Verz. p. 31 (1775).— Schiff. W. V. p. 184 (1776).— Hubn. Pap. pl. 58. f. 278-79, p.46.—
, Esp. Schm. I, pl. 34 suppl. X, f. 3, p. 338. — Ochsenh. Schm. Eur. I, 2, p. 22. — Boisd.
Ind. p. 12, nᵒ 102. — Steph. Cat. of Brit. Lep., p. 17. — Ann. de la Soc. ent. Belge, I,
p. 13.— Spey. Geogr. verb. I, p 248.— A. Dub. Arch. cosm. p. 259. pl.12. — Staud. Cat. Lep.
p. 13, nᵒ 178.

Papilio minimus, Fuessl — P. alsus, Schiff —P. pseudolus, Borkh. — Lycæna alsus, Boisd.
Polyommatus alsus, Steph.— ab. ou var?: Lorquinii, H. S. — ? Saportæ, Dup. — Nigres-
cens, A. Dub.

Le lycène minime ou alsus habite la Scandinavie, la Russie, l'Allemagne, la Hollande, la Belgique, la Grande Bretagne, la France, l'Italie, l'Autriche, la Turquie, la Grèce, l'Asie mineure, l'Arménie, la Sibérie méridionale et les provinces de l'Amour.

On trouve la chenille à la fin de mai et en juin et une seconde fois
vers la fin de juillet, sur le sainfoin (*Onobrychis sativa*), les mélilots *(Melilotus arvensis* et *officinalis)*, les trèfles (*Trifolium procumbens* et *campestre)*, l'astragale (*Astragalus cicer*) et la coronille *(Coronilla varia)*.

Les papillons de la première génération volent à la fin de juin, ceux
de la seconde, en août. Cette espèce est commune sur les montagnes
calcaires des bords de l'Ourthe et de la Meuse ainsi qu'en Ardenne.

Lycaene cyllée,

sur le Mélilot officinal.

LYCAENE CYLLÉE.

LYCÆNA CYLLARUS, boisd.

CLIFDEN BLUE. — WIRBELKRAUT FALTER.

Ochsenh., t. I, 2, p. 12. — Esp., t. I, pl. XXXIII. — Frey., t. III, pl. 271. — Spey.,
GEOGR. VERB., t. I, p. 246. — Boisd., p. 13, n° 111. — PAPILIO CYLLARUS, Esp.
— P. DAMŒTUS, Larv. — P. DYMUS, Herbst., var. — P. PHOBUS, Berg , var.

Cette lycaene est rare en Russie et en Suède, mais elle est plus répandue en Allemagne, en Suisse, en Belgique, en France, en Italie, en
Espagne et en Asie Mineure.

L'éclosion des œufs se fait en septembre et les petites chenilles ne
continuent leur développement qu'en mai et en juin de l'année suivante. On les trouve sur l'astragale réglisse (*Astragalus glycyphyllos*),
le mélilot officinal (*Melilotus officinalis*), le genêt d'Allemagne (*Genista
germanica*), le cytise sagitté (*Cytisus sagittalis*) et le sainfoin cultivé
(*Onobrychis sativa*). Ces chenilles se tiennent très-cachées et on ne
les trouve que rarement. Pour se métamorphoser, elles s'attachent à
une tige et enveloppent leur chrysalide d'un tissu très-fin. Le papillon
s'échappe de sa chrysalide au bout d'une quinzaine de jours et va voltiger sur les fleurs des prés, du versant des montagnes et des lisières
des bois ; en général il se tient aussi bien dans les plaines que sur les
rochers.

1. Lycène protée
2. Lycène arion
sur la Vence des haies.

LYCÈNE PROTÉE.

LYCÆNA ALCON, Fab.
HOCHBLAUER FALTER.

Fab. Mantis. insect. p. 72. — Esp. Schm., pl. 34, f. 4, 5. p. 338. — Hub. Pap. pl. 55, f. 263-65, p. 44. — Borkh. Eur. Schm. 1, p. 169 (pro parte). — Ochsenh. Schm. Eur. 1, 2, p. 7. — Boisd. Ind. p. 13, n° 113. — Dup. Supl. pl. 1, f. 1-3 — God. pl. 11. 2ᵉ f. 6 et 11, quart. f. 2. — Spey. Geogr. verb. I. p 244. — Ann. de la Soc. ent. B. vii, p. 89 et xi, p. lxxxiv. — Staud. Cat. p. 14. n° 186.

Papilio alcon, F. — P. arcas, Esp. — P. diomedes, Bkh. — Polyommatus alcon, Dup. — P. euphemus, God. — Lycæna alcon, Boisd.

Ce lycène est plus ou moins répandu, suivant les localités, en Scandinavie, en Russie, en Hongrie, en Dalmatie, en Allemagne, en Hollande, en Belgique, en France, en Suisse, en Italie, en Corse, en Turquie, en Grèce et sur l'Altaï. M. A. Maurissen, de Maestricht, découvrit cette espèce dans le Limbourg belge, où elle volait du 15 juillet au 15 août dans les prairies humides à Lanaeken et dans les prés secs à Houseel, se posant de préférence sur les fleurs du *Betonica officinalis*.

La chenille est inconnue.

LYCÈNE ARION.

LYCÆNA ARION, Lin.
THE LARGE BLUE. — SCHWARZFLECKIGER FALTER.

Lin. S N. x p. 483. — Esp. Schm. I, pl. 20. f. 2 et 59. f. 2. p. 266. — Hubn. Pap. pl. 54, f. 254-56, p 44 — Ochsenh. Schm. Eur. I, 2, p. 4. — Boisd. Ind. p. 13, n° 116. — Ann. de la Soc. ent. B. I, p. 14. — Spey. Geogr. verb. I, p. 244. — Staud. Cat. p. 14, n° 188.

Papilio arion. L. — Polyommatus arion, Step. — P. alcon, Var. Step. — Var.: Cyanecula, Ev.

Habite toute l'Europe centrale et méridionale, la Grande-Bretagne, la Sibérie, l'Arménie et l'Asie mineure; la var. *Cyanecula* a pour patrie la Sibérie orientale et méridionale ainsi que l'Arménie.

Ce papillon est assez commun en juillet et août sur les rochers des bords de la Meuse et de l'Ourthe, ainsi que dans une grande partie de l'Ardenne et du Condroz.

La chenille vit, suivant M. L. Quaedvlieg, sur les Papilionacées; elle ne nous est pas connue.

Néméobe lucine,
sur la Primevère élevée.

NÉMÉOBE LUCINE.

NEMEOBIUS LUCINA, STEPH.

DUKE OF BURGUNDY FRITILLARY. — RANDAUGIGER FALTER.

Lin. S. N. X, p. 480.— Hubn. Pap. pl. 4, f. 21, 22, p. 7. — Esp. Schm. I, pl. 16. f. 1. p. 206.— Ochsenh. Schm. Eur. I, p. 50. — Frey. Beitr, I, pl. 43, f. 2, p. 145. — God. et Dup. Icon I, p. 86. — Boisd. Ind. p. 14. n° 117. — Steph. Cat. of Brit. Lep. p. 14. — Ann. de la Soc. ent. Belge, I, p. 17. — Spey. Geogr. verb. I, p. 228. — Staud. Cat. Lep. p.14. n° 190.

Papilio lucina, L. — Hamearis lucina, Cur. — Erycina lucina, God. et Dup.

Cette espèce est particulièrement propre à l'Europe centrale. Elle est très-rare dans la Scandinavie méridionale, assez commune en Allemagne, et plus ou moins répandue dans certaines parties de la France, de la Dalmatie, de la Turquie, de la Grèce, de l'Italie, de l'Espagne et de la Grande Bretagne ; elle est peu répandue en Belgique, où on l'observe sur les montagnes calcaires de la rive droite de la Meuse et dans quelques autres localités, particulièrement Rouge-Cloître et Auderghem, près de Bruxelles, où ce papillon a été pris plusieurs fois.

La chenille vit, d'après Freyer, en juillet et août sur les primevères (*Primula officinalis et elatior*), ainsi que sur quelques plantes du genre *Rumex*, mais elle n'a pas encore été trouvée dans notre pays. La métamorphose a lieu vers la fin d'août et la chrysalide hiverne. Le papillon vole en mai, parfois déjà à la fin d'avril, et recherche les clairières des bois.

Godart et Duponchel disent qu'on trouve la chenille en juin et en septembre, et que les individus de la première génération donnent leur papillon en août, et ceux de la seconde, en mai de l'année suivante. Il se pourrait donc qu'il y ait dans l'Europe méridionale deux générations de cette espèce, tandis qu'il n'y en a qu'une en Allemagne.

La chenille et la chrysalide de la planche ci-contre sont faites d'après les figures données par Freyer.

Grand Mars changeant

♂ mâle, ♀ femelle

GRAND MARS CHANGEANT.

APATURA IRIS, TREITSCHKE.

PURPLE EMPEROR. — SCHILLERFLATTERER.

Ochsenheimer, t. I, p. 154. — Esper, t. I, pl. XI, fig. 1, supp. XXII, var. — Boisduval, p. 24.—Freyer, *Neuere Beit.*. t. V, pl. 385, var. JOLE. — PAPILIO IRIS, Linné.—P. JOLE, Hüb. var. — TACHYPTERA IRIS, Berg.

Ce beau papillon est répandu dans presque toute l'Europe ; en Belgique il est rare dans certaines localités. dans d'autres il est même commun. En France il est également assez répandu, ainsi qu'en Italie ; plus rare en Hollande et en Grande-Bretagne ; en Allemagne on le voit assez communément, quoiqu'il soit très-rare dans certaines localités, et on le rencontre même en Livonie jusqu'aux monts Ourals.

Il se tient aussi bien dans les plaines que dans les régions montagneuses, jusqu'à une hauteur de 2,600 pieds et même davantage. Il vole ordinairement le long des lisières des bois humides, dans les prairies, au bord des ruisseaux et des cours d'eaux, et s'élève souvent à une grande hauteur, surtout pendant les beaux jours ; s'il rencontre un de ses semblables, il voltige avec lui pendant quelque temps. Il se repose tantôt sur des plantes, tantôt sur la terre nue des chemins, et la femelle aime beaucoup le repos. On trouve la chenille, au mois de mai et au commencement de juin, principalement sur le saule marceau (*Salix capræa*) et quelquefois sur le *S. cinerea ;* plusieurs auteurs désignent également le chêne, mais cette assertion ne parait être basée que sur des causes tout à fait accidentelles. Cette chenille, d'un vert très-vif, ressemble pour la forme à un limaçon ; elle est d'une nature indolente et reste quelquefois des jours entiers sur une feuille, étendue sur une espèce de toile blanchâtre, sans se remuer, et lorsqu'elle la quitte, elle va sur une autre feuille recommencer sa toile, de façon qu'elle en laisse une traînée sur son passage. Après avoir plusieurs fois changée de peau, elle se transforme en une chrysalide qui est assez remuante et d'un vert blanchâtre, suspendue par la partie anale. Le papillon s'échappe de la chrysalide dix à quinze jours après. La femelle est plus grande que le mâle, mais elle est dépourvue du reflet bleu de ce dernier.

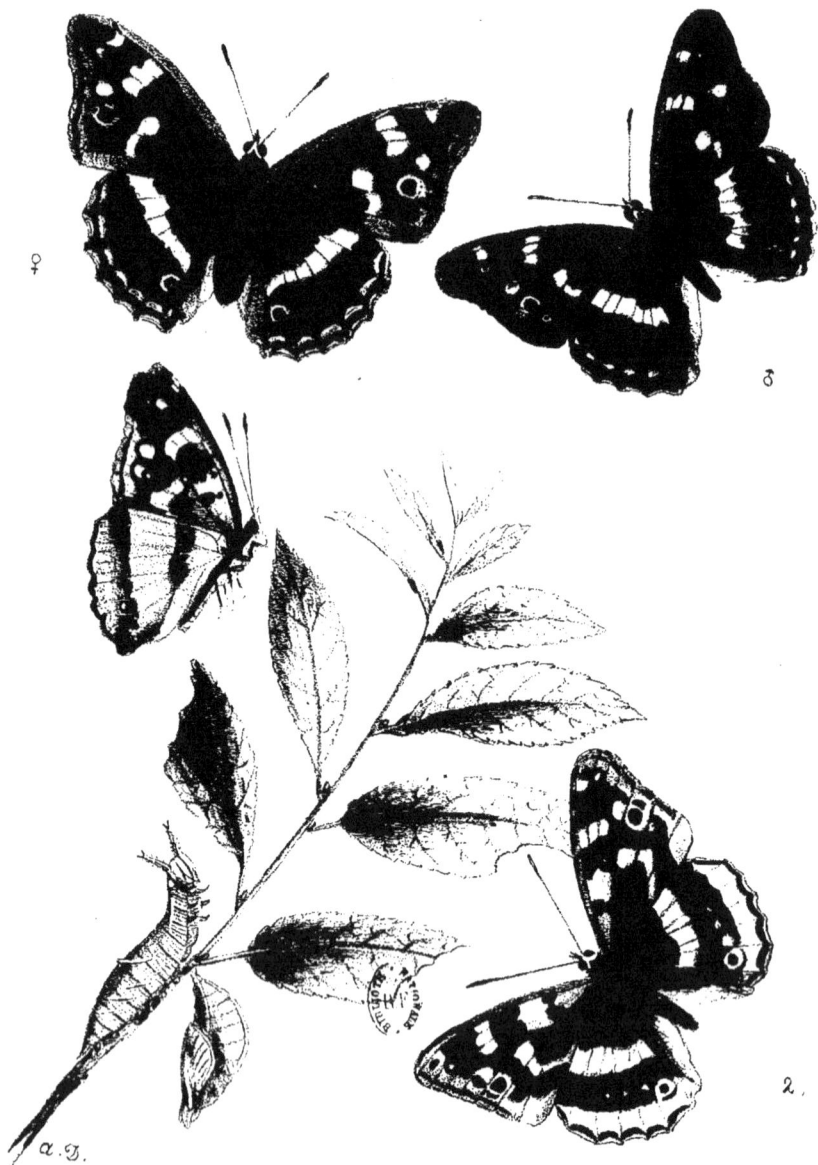

Petit Mars changeant
2. var. Clytie
sur le Saule bicolor.

PETIT MARS CHANGEANT.

APATURA ILIA, BOISD.

THE LITTLE EMPEROR. — BANDWEIDENFALTER.

Schiff. S. V. p.172. — Hubn. Pap., pl. 25, f. 115-16, p. 20; pl 24 f. 114-15.(var). — Esp. Schm. I, pl. 37 suppl 13 f. 1, p. 346; pl. 25, suppl. 1, f. 4 (var.). — Ochsenh. Schm. Eur. I, 1, p. 160. — Doisd. Ind. meth. p. 24, no 182. — Frey. Beitr., II, p. 61. — Ann. de la Soc. ent. de Belg. I, p. 26. — Spey. Geogr. verb. I, p. 188. — Staud. Cat. p. 15 no. 194.

Papilio ilia, Schiff. — P. iris ilia, Borkh. — P. iris minor, Esp. — var: Clytie, Schiff = Iris var. et Iris rubescens, Esp. = Astasia, Hub. — Metis, Frey — ab.? Bunea, H. S. — ab.: Astasioides, Staud.

L'air géographique de cette espèce est fort étendue et comprend l'Europe tempérée et méridionale et une grande partie de l'Asie. On rencontre ce papillon depuis la Finlande jusqu'en Syrie, et depuis la France jusqu'au Japon ; il ne se trouve pas en Grande Bretagne et il est assez rare en Belgique. La var. *Clytie* a été observée dans la province de Namur et dans la forêt de Soignes, où elle est même plus abondante que le type.

La chenille vit sur différentes espèces de saules et de peupliers. On la trouve parvenue à toute sa taille vers le 15 juin, mais elle est difficile à découvrir à cause de sa couleur qui se confond avec celle du feuillage; elle se tient d'ailleurs presque toujours au sommet des arbres, de sorte qu'on ne peut l'obtenir qu'en donnant de fortes secousses aux branches afin de la faire tomber.

Le papillon vole en juillet dans les bois et dans les prairies plantées de saules et de peupliers.

Liménite du peuplier

sur le Peuplier tremble.

LIMÉNITE DU PEUPLIER.

LIMENITIS POPULI, STEP.

POPLAR ADMIRAL. — ESPENFALTER.

Ochsenh., t. I, p. 145. — Esp., t. I, pl. XII et XXXI. —Spey., Géogr. Verb., t I, p. 187.
— Boisd., p. 17, no 123 — Frey., Neuer Beitr., t. IV, p. 93. — Papilio populi, Lin.
— P. Tremulae, Esp. var. — P. Semiramis, Schr. var.

Ce papillon habite la Suède, la Norwége, la Russie, l'Allemagne, la Suisse, la Belgique, la France et l'Italie.

La chenille de cette espèce naît en août ou septembre et vit aux dépens des feuilles du peuplier tremble (*Populus tremula*). Elle hiverne après la première ou la seconde mue, et n'achève sa croissance qu'au printemps suivant. Cette chenille mène une vie très-solitaire; sa grande ressemblance avec une feuille roulée la rend le plus souvent invisible aux yeux du collectionneur qui passe à côté d'elle. Vers la fin de mai ou au commencement de juin, elle se suspend à la partie inférieure d'une feuille, pour se métamorphoser; le papillon éclot au bout d'une quinzaine de jours. Le vol de celui-ci est lent, mais s'il est poursuivi et qu'un chasseur maladroit l'a manqué, il s'éloigne à toute volée pour s'élever à une certaine hauteur et disparaître à tous les yeux.

Liménite sibille,

sur le Chèvre-feuille des bois.

LIMÉNITE SIBILLE.

LIMENITIS SIBILLA, FAB.

THE WHITE ADMIRAL. — BECKENKIRSCHEN FALTER.

———

Ochsenh., t. I, 2e part., p. 139. — Esp., t. I, pl. XIV. — Frey., t. I. p. 30. — Spey., Geogr.,
Verb., t. I. p. 135. — Boisd., p. 16, n° 121. — Papilio sibilla, Lin.

L'Europe tempérée est la véritable patrie de ce papillon, mais on le rencontre cependant aussi en Russie, en Livonie et dans la plupart des contrées de l'Allemagne ; il est assez commun en Hollande, en Belgique, en Grande-Bretagne et en France. Cette espèce, généralement répandue dans la presque totalité des pays européens, ne se rencontre cependant pas dans tous en égale abondance.

La chenille sort de son œuf, fixé au revers d'une feuille, en juillet ou en août, et vit alors sur le chèvrefeuille des buissons (*Lonicera xylosteum*) et le chèvrefeuille des bois (*L. periclymenum*). Elle ne change que deux fois de peau avant l'hiver, et à l'approche de cette saison, elle s'abrite entre des feuilles ou sous l'écorce des arbres ; mais dans le courant du mois d'avril, elle revient sur les plantes citées plus haut, et a toute sa croissance en juin. Lorsqu'on élève des chenilles de cette espèce, on ne doit pas négliger de leur donner une ou deux fois par jour de la nourriture fraîche et surtout de tenir bien propre le réservoir qu'elles habitent, sinon elles languissent et meurent.

Leur naturel est paresseux et en marchant elles confectionnent un fil qui guide leur marche. A l'approche de la métamorphose, elles prennent une teinte blanchâtre et se suspendent par la partie anale ; quinze jours plus tard, le papillon rompt son enveloppe pour se mettre en liberté. On le voit faire ses ébats, particulièrement dans les bois humides, pendant les mois de juin et de juillet, quelquefois encore en août.

1. Vanesse Prorsa, 2. var. Levana
sur la grande ortie.

VANESSE PRORSA.

VANESSA PRORSA, TREITSCH.

PRORSA SHELL. — WALDNESSEL-FLATTERER.

Ochsenh., t. I, p. 129. — Esper, t. I, pl XV, fig. 3. — Boisd., p. 21, n° 167. — PAPILIO PRORSA et P. LEVANA, Linné. — P. PORIMA, Fuess, var. — TACHYPTERA PRORSA et T. LEVANA, Berg. — VANESSA LEVANA, Dahl, var.

Ce papillon se trouve principalement dans l'Europe centrale et dans les contrées voisines de l'Asie, dans l'Oural et dans le Caucase. On le rencontre en Allemagne, en Hollande, en Belgique et en France; il ne paraît point en Grande-Bretagne. Dans certaines localités, il est plus ou moins commun, tandis que dans d'autres, il est assez rare.

Cette vanesse vole dans les vallées humides et les endroits découverts, ainsi que près des lisières des bois et au bord des chemins boisés. Au mois de mai, la femelle pond ses œufs au-dessous des feuilles d'orties (*Urtic aurens* et *U. dioïca*), dans les endroits ombragés. Ces œufs, placés à la file les uns des autres au nombre de seize à vingt-quatre, sont disposés en forme de chapelets suspendus au-dessous des feuilles; leur éclosion a lieu une huitaine de jours après la ponte. Les chenilles qui en proviennent vivent en société et se chrysalident au bout de trois semaines environ, après avoir subi plusieurs changements de peau. Le papillon parfait se débarrasse de son enveloppe. après y avoir séjourné douze à quinze jours.

Il paraît chaque année deux générations de cette espèce : la *Vanessa levana* est de la génération du printemps, sortie d'une chrysalide qui a hiverné.

Vanesse C.blanc
sur le Houblon.

VANESSE C BLANC.

VANESSA C ALBUM, FAB.

WHITE C SHELL. — WEISSE C FLATTERER.

Ochsenheimer, t. I, p. 125. — Esper, t. I, pl. XIII, fig. 3. — Boisduval, p. 22. — PAPILIO C ALBUM Linné — P. C ALBUM, Four. — GRAPTA C ALBUM, Step. var. — TACHYPTERA C ALBUM, Berg. — VANESSA COMMA-ALBA, Mill. — V. MELONOSTICTA, Step. var.

Cette vanesse est répandue dans toute l'Europe, dans le nord et le milieu de l'Asie et dans l'Amérique septentrionale. On la trouve en Laponie, en Russie, en Suède, en Norwége, dans quelques parties de la Grande-Bretagne, en Hollande, en Belgique, en France, en Italie et en Suisse, sur les Alpes jusqu'à la région où toute végétation cesse.

Elle se tient généralement dans les plaines, sur les rochers, sur les lisières des bois et dans les jardins; elle ne se repose non-seulement sur les fleurs, mais aussi sur les feuilles, les troncs d'arbre et même sur le sol des routes. Ce lépidoptère fait son apparition dès les premiers beaux jours, et dépose ses œufs à la partie inférieure des plantes nourricières, principalement du houblon (*Humulus lupulus*), des orties (*Urtica urens* et *U. dioïca*), du groseillier rouge (*Ribes rubrum*), du groseillier vert (*R. grossularia*), de l'orme (*Ulmus campestris*), du chèvre-feuille (*Lonicera xylosteum*) et du noisetier (*Corylus avellana*). La chenille se trouve pendant tout l'été au revers des feuilles, et lorsqu'elle se forme en chrysalide, elle se suspend, par sa partie postérieure, à des tiges ou des feuilles, et le papillon parfait en sort une quinzaine de jours ensuite. Les chenilles, provenant des œufs de ces derniers, passent l'hiver à l'état de chrysalide. On trouve quelquefois de ces chenilles entièrement blanches.

La partie inférieure des ailes de ce papillon est très-variable dans sa coloration qui, tantôt est claire, tantôt plus foncée; il en est de même des dessins dont elles sont ornées.

Vanesse grande tortue,

sur le cerisier.

VANESSE GRANDE TORTUE.

VANESSA POLYCHLOROS, OCHSENHEIMER.

GREAT TORTOISE-SHELL. — GROSSE SCHILDKRÖTFLATTERER.

Ochsenheimer, t. I, 1, p. 114. — Esper, t. 1. pl. XIII, fig. 1, et pl. XXIII. — Boisduval, p. 21. — Freyer, *Neuere Beit.*, t. II, pl. 139. — PAPILIO PYROMELAS, Germar. var. — P. POLYCHLOROS, Linné. — P. PYRRHOMELÆNA, Hüb. var. — P. TESTUDO, var. et P. VALESINA, Esper. var. — VANESSA PUNCTUM ALBUM, Dahl. var. — TACHYPTERA POLYCHLOROS. Berg.

Ce lépidoptère habite une grande partie de l'Europe et de l'Asie ; on le trouve au Caucase, en Syrie, sur l'Himalaya, jusqu'au Japon. Il se trouve aussi dans la Russie d'Europe, en Livonie, en Danemark, et il est assez commun en Allemagne, en Belgique, en France, en Italie, en Espagne et au sud de la Grande-Bretagne.

Cette espèce, si nuisible pour les arbres fruitiers, se tient dans les jardins, sur les lisières des bois exposées aux rayons solaires et même sur des montagnes assez élevées ; elle aime aussi à se reposer sur le tronc des arbres, du côté du soleil. La chenille, qui est au commencement de son développement d'un gris noirâtre et recouverte de poils très-fins, vit sur les cerisiers, les poiriers le saule marceau (*Salix capræa*) et le cornouiller sanguin (*Cornus sanguinea*). Dès que les œufs, qui sont solidement attachés autour des branches des arbres fruitiers, viennent à éclore, les chenilles se font une espèce de toile étendue entre des branches, dans laquelle elles vivent en société, quelquefois de plusieurs centaines. Pendant le jour, elles se nourrissent de bourgeons ou de feuilles tendres, et au crépuscule elles se retirent dans leur retraite pour y passer la nuit. Ces espèces de nids s'observent au commencement de mai ; ils sont, à cette époque, faciles à détruire, en coupant de grand matin, avant que les chenilles aient quitté leur asile, les branches auxquelles ils sont attachés et en ayant soin de les anéantir instantanément, pour couper tout moyen de fuite aux habitants de ces petites républiques. Pendant certaines années, ces chenilles sont si abondantes dans quelques localités, que des vergers entiers sont dépourvus de feuilles. Mais le Créateur, qui a procédé à tout avec tant de sagesse, a soigné pour qu'un grand nombre d'entre elles fut détruit ou par la rigueur de l'hiver, ou par leurs nombreux ennemis ; les ichneumons, par exemple, qui déposent leurs œufs dans le corps des chenilles, lesquelles, malgré cela, continuent à se développer et se chrysalident même ; mais au lieu qu'il sorte un papillon de cette chrysalide, ce ne sont que des petits ichneumons auxquels elle donne le jour. Les mésanges recherchent autour des branches les œufs de ces papillons, et les moineaux, qui en nourrissent leurs petits, en détruisent également un grand nombre, chose que nous avons d'ailleurs déjà fait observer dans notre ouvrage sur les *Oiseaux de la Belgique.*

Les chenilles de la grande tortue croissent très-rapidement et changent plusieurs fois de peau avant de se transformer en chrysalide. Lorsque cette époque est arrivée, elles cherchent un lieu convenable et sec sur des arbres ou des poteaux, où elles s'attachent au moyen d'un fil, la tête en bas ; au bout d'un jour ou deux, elles sont changées en chrysalides, desquelles les papillons parfaits ne s'échappent qu'après dix ou quinze jours.

Vanesse petite tortue
sur l'Ortie.

VANESSE PETITE TORTUE.

VANESSA URTICÆ, STEPHENS.

TORTOISE SHELL. — KLEINE SCHILDKRÖT FLATTERER

Ochsenheimer, t. I, p. 120. — Esper, t. I, pl. XIII , fig. 2 — Boisduval, p. 21. — PAPILIO
URTICA, Linné. — TACHYPTERA URTICÆ, Berg. — VANESSA XANTHOMELÆNA, Step. —
V. ICHNEUSIOIDES, Dahl. var.

Ce papillon est un des plus communs de l'Europe ; il se trouve
également dans quelques iles de la mer Méditerranée, ainsi qu'aux
iles Canaries. On le rencontre dans le voisinage du Volga, en Crimée,
en Sibérie, et il est très-commun au Caucase ; on le trouve même au
sommet du mont Altaï. Nous en reçûmes plusieurs de la Nouvelle-
Alsace, en Amérique, avec d'autres papillons de ce pays.

Il se tient tantôt dans les plaines, tantôt sur les montagnes, où il
s'élève jusqu'aux régions glaciales ; mais on le voit généralement dans
les jardins, les champs et les prairies, principalement dans les lieux
où croissent beaucoup d'orties telles que l'ortie brûlante (*Urtica urens*),
la grande ortie (*U. dioïca*). Ce papillon, que l'on rencontre pendant la
plus grande partie de l'année, est un des premiers messagers du printemps. Les œufs de cette vanesse sont petits et luisants, disposés en
plusieurs rangées très-serrées à la partie inférieure des feuilles qui
doivent servir d'aliments aux chenilles ; il arrive parfois que des orties en sont littéralement couvertes. Ces œufs éclosent après deux à
trois semaines, et les petites chenilles restent ensemble dans une
espèce de toile jusqu'au premier changement de peau ; elles se séparent ensuite, et chacune d'elle se cache alors dans une feuille enroulée.
Leur couleur varie du jaune clair jusqu'au jaune foncé plus ou moins
noirâtre. La chrysalide est suspendue par la partie anale à des plantes,
des murs, des haies, etc.; le papillon la quitte douze à quinze jours
après sa transformation.

Vanesse paon de jour
sur l'ortie.

VANESSE PAON DU JOUR.

VANESSA JO, STEPHENS.

PEACOCK-SHELL. — PAVENAUG-FLATTERER.

Ochsenheimer, t. I, p. 107. – Esper, t. I, pl. V, fig. 2. — Boisduval, p. 21. — PAPILIO JO, Linné. — P. OCULUS PAVONIS, Godart. — TACHYPTERA JO, Berg. — VANESSA IOIDES, Dahl, var.

On trouve ce papillon dans les contrées du sud et du milieu de l'Europe, ainsi que dans quelques contrées avoisinantes de l'Asie. Il est assez rare en Russie; mais il est commun dans certaines parties de l'Allemagne et de la Grande-Bretagne, ainsi qu'en Hollande, en Belgique, en France et en Italie.

Cette vanesse se tient dans les plaines et sur les montagnes jusqu'à une grande hauteur. Aux premiers beaux jours du printemps, elle quitte le lieu où elle a hiverné, et ne tarde pas à déposer ses œufs sur les orties, mais principalement sur la grande ortie (*Urtica dioïca*), ainsi que sur le houblon *(Humulus lupulus)*; on trouve les chenilles sur ces plantes depuis le mois de mai jusque vers la fin de l'été. Ces chenilles vivent en société jusqu'à leur transformation, et on les voit quelquefois par centaines sur une seule plante, de telle manière qu'on en trouve six à huit sur une même feuille; dès qu'on les touche, elles se défendent en lançant un liquide d'un vert foncé. De la belle chrysalide, suspendue aux rameaux ou aux feuilles par la partie anale, s'échappe, six à douze jours après sa transformation, le papillon parfait, qui n'est pas moins beau que l'enveloppe qu'il vient de quitter.

La *Vanessa ioides* Dahl n'est qu'une variété plus petite, qui ne diffère en aucune autre manière de la *V. jo*. La chenille de cette variété est également un peu moins grande.

Vanesse antiope,

sur le Saule des vanniers.

VANESSE ANTIOPE.

VANESSA ANTIOPA, step.

THE CAMBERWELL BEAUTY. — TRAUERMANTEL FALTER.

Ochsenh., t. I, p. 110. — Esp., t. I, pl. XII. — Spey., Geogr. Verb.. t. I, p. 180. — Boisd., p. 21, nᵒ 171. — Freyer, Neuer Beitr., t. II, p. 85. — Papilio moris, Lin. — P. Antiopa, Esp.

Ce papillon est très-répandu, car on le rencontre au nord de l'Asie, de l'Amérique et de l'Afrique ; en Europe, il habite principalement l'Allemagne, la Hollande, la Belgique et la France ; mais il est assez rare dans certaines parties de ces contrées et très-rare en Grande-Bretagne. Les lieux où il aime à se tenir, sont les lisières des bois et les jardins fruitiers.

On trouve les œufs, les chenilles et les chrysalides de cette espèce, dans les différents mois de l'année ; les œufs déposés vers la fin de la saison, ainsi que les dernières chrysalides, hivernent jusqu'à l'année suivante. La chenille vit sur le saule blanc (*Salix alba*), le saule des vanniers (*S. viminalis*), le saule cendré (*S. cinerea*), le saule marceau (*S. caprea*), le saule à 5 étamines (*S. pentandra*), le saule bleuâtre (*S. cœsia*), le peuplier tremble (*Populus tremula*), le peuplier d'Italie (*P. fastigiata*) et le bouleau blanc (*Betula alba*). Les œufs, pondus au commencement de l'été, éclosent au bout de trois semaines, les jeunes chenilles vivent alors en famille ; elles attachent souvent des fils d'une feuille à l'autre, ce n'est qu'à l'époque de la chrysalidation qu'elles se dispersent:

Pour opérer leur métamorphose, ces chenilles se fixent par la partie anale, le papillon sort de la chrysalide au bout d'une quinzaine de jours ; on le trouve depuis juillet jusqu'en septembre.

Vanesse Atalanta,

sur la grande Ortie.

VANESSE ATALANTA.

VANESSA ATALANTA, step.

RED ADMIRAL. — ADMIRAL-FLATTERER.

Ochsenh., t. 1, 1, p. 104. — Esper, t. 1, pl. XIV, fig. 1. — Boisd., p. 21, n° 169. — PAPILIO ATALANTA et P. AMMIRALIS, Linné. — TACHYPTERA ATALANTA, Berg. — VANESSA AMMIRALIS, Haw.

Cette vanesse se rencontre dans les cinq parties du monde : on la trouve en Asie dans l'Oural, dans le Caucase et dans l'Asie Mineure ; au nord de l'Afrique en Algérie, à Ténériffe ; à la Nouvelle-Zélande, à la Nouvelle-Bretagne jusqu'à la baie d'Hudson ; en Californie, au Mexique et aux Antilles ; en Europe, on la voit communément en Espagne, en Italie, en France, en Belgique, en Grande-Bretagne et en Hollande, mais elle est moins commune en Suède, en Norvége et en Russie.

Ce papillon se tient dans les jardins, dans les prés et au bord des chemins, où la femelle dépose ses œufs sur les orties (*Urtica urens* et *U. dioïca*). Dès que les petites chenilles ont brisé leur œuf, elles se choisissent chacune une feuille, qu'elles enroulent au moyen de leurs fils, et y vivent aussi longtemps qu'elles l'aient entièrement mangée ; alors elles se cachent de nouveau dans une autre feuille pour agir de même jusqu'à ce qu'elles se transforment en chrysalides. On trouve ces chenilles, pendant tout l'été, dans les feuilles crispées des orties. Avant de se métamorphoser, ces chenilles changent plusieurs fois de peau, et pour se chrysalider elles se suspendent à des plantes Ce bel atalanta sort de sa chrysalide après une quinzaine de jours, mais quelques individus tardifs passent l'hiver sous cette forme.

Vanesse du chardon.

sur le chardon lancéolé.

VANESSE DU CHARDON.

VANESSA CARDUI, TREITS.

PAINTED LADY. — DISTEL FALTER.

Ochsenh., t. I, p. 102. — Esp., t. I, pl. X. — Spey., GEOGR. VERB., t. I, p. 182. — Boisd., p. 21, n° 168. — PAPILIO CARDUI, Lin. — P. CARDUELIS, Cram. — CYNTHIA CARDUI, Step.

Ce beau papillon se rencontre dans toute l'Europe, ainsi que dans une grande partie de l'Asie, de l'Afrique, de l'Amérique et de l'Océanie; il peut par conséquent supporter les températures des différentes zones du globe terrestre. Dans la plupart des contrées de l'Europe, il est commun dans certaines années et rare pendant d'autres.

Cette vanesse habite les jardins, les champs et les berges exposées aux rayons solaires ; on la trouve aussi bien dans les plaines que sur les montagnes jusqu'aux régions des glaces éternelles. Les œufs éclosent huit jours après la ponte. La chenille, dont la couleur varie du foncé au clair, se tient le plus souvent entre des feuilles de chardons qu'elle rejoint au moyen d'un tissu serré, de manière à être complétement cachée ; elle se sert pour cet usage du chardon lancéolé (*Cirsium lanceolatum*), du chardon crépu (*Carduus crispus*), etc., ainsi que des mauves alcée (*Malva alcæa*), sauvage (*M. sylvestris*) et à feuilles rondes (*M. rotundifolia*), de la picride fausse épervière (*Picris hieracioïdes*), de la centaurée noire (*Centaurea nigra*) et de la grande ortie (*Urtica dioïca*); toutes ces plantes lui servent aussi bien de nourriture que les diverses espèces de chardons. On rencontre cette chenille, depuis mai jusqu'en août, sur les plantes que nous venons de citer.

Dès que la chenille a atteint le terme de sa croissance, elle se suspend par la partie anale dans un lieu convenable, comme le font toutes les chenilles du genre vanesse, pour se transformer en chrysalide. Le papillon fait son apparition au bout d'une quinzaine de jours ; mais lorsque la chrysalide a hiverné, l'insecte parfait n'en sort qu'en mai, tandis qu'au contraire il ne faut ordinairement que quatre semaines, à partir de la ponte jusqu'à l'éclosion du papillon, pour que tout le développement s'accomplisse.

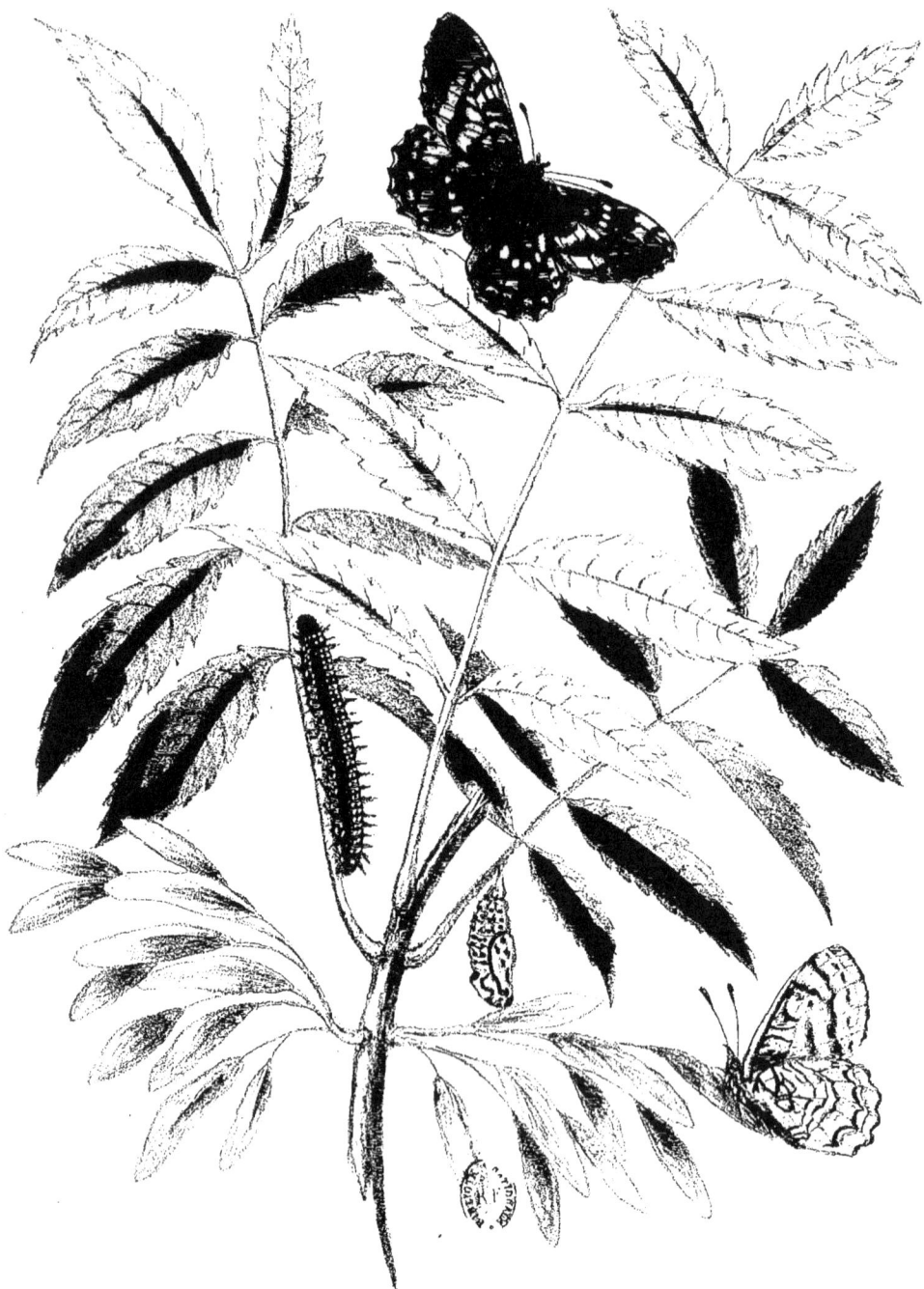

Melitée manturna,

sur le Frêne.

MELITÉE MANTURNA.

MELITÆA MANTURNA, ochs.

MANTURNA TRITILLARY. — MANTURNA-FLATERER.

Ochsenh., t. I, p. 18. — Esper, t. I, pl. XXXVII. — Boisd., p. 19, n° 150. PAPILIO
MATURNA. Linné. — P. AGROTERA, Barckh. — MELITÆA AGROTERA, Schrank. —
M. CYNTHIA, Hüb. — M. MYSIA, Hüb. var.

Cette espèce habite le sud de la Sibérie, la Russie, la Laponie, la
Norwége, la Suède, la plupart des États de la Confédération germa-
nique et la Hollande seulement du côté de la Prusse; elle est assez
commune dans quelques parties de la Belgique, de la France et de
l'Italie; mais en Grande-Bretagne elle n'a jamais été observée.

La chenille de ce papillon hiverne et on la trouve l'année suivante en
avril et en mai dans son entier développement. On la rencontre sur le
frêne (*Fraxinus excelsior*), le peuplier tremble (*Populus tremula*), le
hêtre (*Fagus sylvatica*), plus rarement sur le saule marceau (*Salix capræa*), les mélampyres (*Melampyrum nemorosum* et *M. cristatum*), la
véronique des champs (*Veronica arvensis*), le plantain lancéolé (*Plantago lanceolata*) et la scabieuse (*Scabiosa succisa*). La chenille pour se
chrysalider se suspend à des plantes dans un endroit bien abrité; le
papillon abandonne sa chrysalide après y avoir séjourné pendant une
quinzaine de jours. Les deux sexes ne diffèrent presque pas par la couleur, la femelle est seulement un peu plus grande que le mâle; ils va-
rient assez l'un et l'autre quant à la grandeur. Les papillons font leurs
évolutions en juin dans les endroits découverts des bois et sur les berges
couvertes de fleurs; on les observe aussi bien dans les plaines qu'au
haut des montagnes.

Mélité d'Artémis,
sur le Plantain lancéolé.

MÉLITÉ D'ARTÉMIS.

MELITÆA ARTEMIS, Step.

THE GREASY FRITILLARY. — EHRENPREISSFALTER.

Esp , Schm., I, p. 209, pl. XVI, f. 2. — Hübn., Pap., pl. I, f. 4 et 5, p. 6. — Borkh., Eur.
  Schm., I, p. 57 et 225. — Ochsenb., Schm. Eur., I, 1, p. 24. — Frey., Beitr., I, pl. VII,
  p. 25 — Boisd., p. 20, n° 155.— Step., List of B. Lep., p. 14. — Spey., Geogr. verb., I,
  p. 157.
Papilio artemis, Schiff. — P. maturna, Esp. — P. lye, Bork. — P. matutina,
  Thunb. - Melitæa cinxia, Dunc.—*Var :* Desfontainesi, Boisd.—Orientalis, HS.

Ce papillon est répandu dans toute l'Europe, sauf dans les régions
polaires ; on le rencontre même en Sibérie, en Orient et dans le nord
de l'Afrique. Dans la partie sud-ouest de notre continent, il n'est
représenté que par sa variété *Desfontainesi*, et en Orient on ne rencontre que sa variété *Orientalis.* Cette espèce habite la Suède, la Norwége,
la Russie, l'Allemagne, la Grande-Bretagne, la Hollande, la Belgique,
la France, l'Espagne, le Portugal et l'Italie ; dans notre pays, elle n'est
pas rare dans les montagnes boisées des bords de l'Ourthe, de la Meuse
et dans la forêt de Soignes. La variété *Orientalis* est répandue en Dalmatie, sur l'Altaï et au lac Baikal.

Ce gentil petit papillon vit aussi bien dans les clairières des bois que
dans les régions alpines ; Ménétries dit l'avoir rencontré dans les monts
du Caucase jusqu'à une hauteur de huit mille pieds.

La chenille vit au printemps sur les plaintains, les véroniques et sur
la scabieuse (*Scabiosa succisa*). La chrysalidation se fait sur les plantes
nourricières et l'insecte parfait vole en juin.

Mélitée cinxie
sur l'achillée.

MELITÉE CINXIE.

MELITÆA CINXIA, STEPH.

THE GLANVILLE FRITILLARY. — SPITZWEGERICHFALTER.

Hübn., PAP., pl. 2, f. 7, 8, p. 6.— Esp., SCHMET, I, pl. 25.—Ochsenh., SCHMET. EUR., I,
p. 27. — Boisd., p. 20 n° 156. — Frey., BEITR., III, pl. 103. — ANN. DE LA SOC. ENT.
DE BELG.,I, p.18.—Spey., GEOGR. VERB., I, p. 160.— *Papilio cinxia*, Lin.— *P. pilosellæ*,
Esp. — *P. abbacus*, Retz. — *P. delia*, Hübn, — *P. trivia*, Schr.

Ce papillon est répandu dans toute l'Europe, sauf dans l'extrême
Nord, en Orient ainsi qu'en Sibérie; il habite, en un mot, tous les
pays situés entre la Grande-Bretagne et l'Altaï, et entre la Norwége et
la Barbarie. En Angleterre et en Belgique il est assez commun dans
les clairières des bois.

Cette espèce vit aussi bien dans les bois que dans les régions alpines,
où elle n'est pas rare jusqu'à l'altitude de 3,000 pieds.

Les jeunes chenilles, de la génération d'été, passent l'hiver en
société dans une même toile; on les trouve dispersées en avril et mai
sur le plantain (*Plantago lanceolata*), l'épervière (*Hieracium pilosella*),
la véronique (*Veronica officinalis*), l'orpin blanc (*Sedum album*) et
quelquefois aussi sur la canche (*Aira canescens*). Suivant M. G. Koch,
on les trouverait déjà par nichées en mars sur l'achillée (*Achillea
millefolia*), le pissenlit (*Leontodon taraxacum*) et sur le plantain.

La chrysalidation a lieu en mai; le papillon vole à la fin du même
mois et pendant la première quinzaine de juin; il se montre une
seconde fois à la fin de juillet et en août.

Mélitée dictynne,

sur le Mélampyre des prés.

MÉLITÉE DICTYNNE.

MELITÆA DICTYNNA, FAB.

DICTYNNE FRITILLARY. — SCHEINSILBERFLECKIGER FALTER.

Ochsenh., t. I. p. 42. — Esp., t. I, pl XLVIII. — Frey., t. IV, pl 319. — Spey., GEOGR. VERB., p. 158.— Boisd., p. 20, nᵒ 163.— PAPILIO DICTYNNA, Fabr.— P. DIAMINA. Lang. — P. CORYTHALIA, Hüb.

La patrie de ce lépidoptère est la Suède, la Norwége, la Russie, la Suisse, la Belgique, la France, l'Italie et l'Algérie.

La chenille vit depuis le mois d'avril jusqu'en juin sur le mélampyre des prés (*Melampyrum pratense*), le mélampyre des forêts (*M. sylvaticum*), le mélampyre crêté (*M. cristatum*), le mélampyre des bois (*M. nemorosum*), le plantain à larges feuilles (*Plantago major*), le plantain lancéolé (*Pl. lanceolata*) et le plantain moyen (*Pl. media*). Vers la fin de mai ou en juin, cette chenille se fixe à une branche ou à une feuille pour opérer sa métamorphose. Le papillon reste dans sa chrysalide durant un temps plus ou moins long qui varie selon la température; on le voit cependant généralement en juin et en juillet, quelquefois encore pendant le mois d'août il fait ses évolutions dans les endroits humides pourvus de fleurs, tels que les prairies et les bois.

Ce mélitée se distingue facilement des autres espèces du même genre, parce qu'il est le plus foncé en couleur; on en trouve même quelquefois dont la partie supérieure des ailes est presque noire.

Mélitée Athalie
sur la Véronique chénette.

MÉLITÉE ATHALIE.

MELITÆA ATHALIA, STEPH.

THE DEATH FRITILLARY. — MITTELWEGERICH FALTER.

Hübn., PAP., pl. 4, f. 17, 18, p. 7. — Esp., SCHM., I, pl. 47, suppl. 23, f. 1, p. 377. — Ochsenh.,
SCHM. EUR., I, 1, p. 44. — Boisd. INDEX METH., p. 21. — Selys, ENUM , p. 31. — ANN. DE LA
SOC. ENT. BELGE, I, p. 18. — Spry., GEOGR. VERB., I, p. 161.
PAPILIO ATHALIA, Esp. — P. MATURNA, Schiff. — P. DICTYNNA, Lew. — *Var. :* P. CUNEIGERA,
Haw. — P. PYRONIA, Hübn. = P. EOS, Haw. = MELITÆA PYRONIA, Steph. — P. TESSELLATA,
Pet. = M. TESSELLATA, Steph. — PARTHENIE, H. Sch. = VARIA, Bisch. — NAVARINA et HISOPA,
Selys. — ASTERIADES.

Ce papillon est commun dans les bois, les clairières et les prés, aussi bien des plaines que des régions subalpines, où on le rencontre jusqu'à une altitude de 5,000 pieds. Il est, en général, fort répandu dans toute l'Europe, depuis la Suède et la Norwége jusqu'en Sicile, et depuis l'Espagne jusqu'en Sibérie. La variété *Pyronia* se rencontre en Italie et en Turquie; la *Parthenie* habite la partie sud-ouest de l'Allemagne, la Suisse et la France; on n'a trouvé en Belgique que les var. *Navarina, Hisopa* et *Asteriades* (1).

La chenille vit, en avril et mai, sur plusieurs plantes basses, mais particulièrement sur les plantes suivantes : mélampyre (*Melampyrum sylvaticum*), plantain (*Plantago lanceolata*), centaurée (*Centaurea jacea*), épervière (*Hieracium pilosella*), valériane (*Valeriana dioica*), véronique (*Veronica chamaedrys*), chrysanthème (*Chrysanthemum corymbosum*), digitale (*Digitalis ochroleuca*), etc.

La chrysalidation a lieu en juin, et l'insecte parfait ne tarde alors pas à éclore; celui-ci vole à la fin de mai et au commencement de juin, et une seconde fois en août.

(1) *Voy.* Selys-Longch., *Enumér.*, p. 31, et *Ann. de la Soc. ent. belge*, I, p. 19.

Argynne de la bistorte,
sur la renouée bistorte.

ARGYNNE DE LA BISTORTE.

ARGYNNIS APHIRAPE, HÜBN.

THE BLOOD-WORT'S FRITILLARY. — SCHWARZGERINGELTER FALTER.

Hübn , Pap., pl. V, f. 23-25, p. 8. — Esp., Schm , I, pl. CX, cont. 65, f. 5, p. 91. — Herb., Schm., X, pl. 270, f 6 et 7, p. 102. — Ochsenb., Schm. Eur , I, 1, p. 52 — Frey., Beitr., I, pl. I et II, pl. LXI, p. 41. — Boisd., p. 19, n° 149. — Spey., Geogr. verb.. I, p 164

Papilio aphirape, Ochs. — P. eunomia, Esp. — P. tomyris et P. ossianus, Herb.

Ce papillon est propre au nord de l'Europe ; il habite la Suède, la Norwége, le Danemark, la Livonie, la Russie et l'Allemagne ; il se montre quelquefois en Belgique, où on l'a pris dans les prairies des bois de Saint-Hubert. On le rencontre également au Caucase, près de la mer Caspienne, en Sibérie et au Labrador.

Cette espèce est fort dispersée et n'est commune dans aucun pays ; elle se tient toujours dans les prairies marécageuses. La chenille vit en mai et en juin sur la renouée bistorte (*Polygonum bistorta*). L'insecte parfait vole à la fin de juin et en juillet. M. Freyer fait observer que les femelles sont beaucoup plus rares que les mâles, et que dans vingt individus qu'on attrape, il ne se trouve souvent pas quatre femelles.

La chenille est très-rare ou plutôt difficile à trouver, même dans son pays natal. Comme il m'a été impossible de me la procurer en nature, je me vois forcé de donner une reproduction de la chenille et de la chrysalide figurées dans le bel ouvrage de M. Freyer.

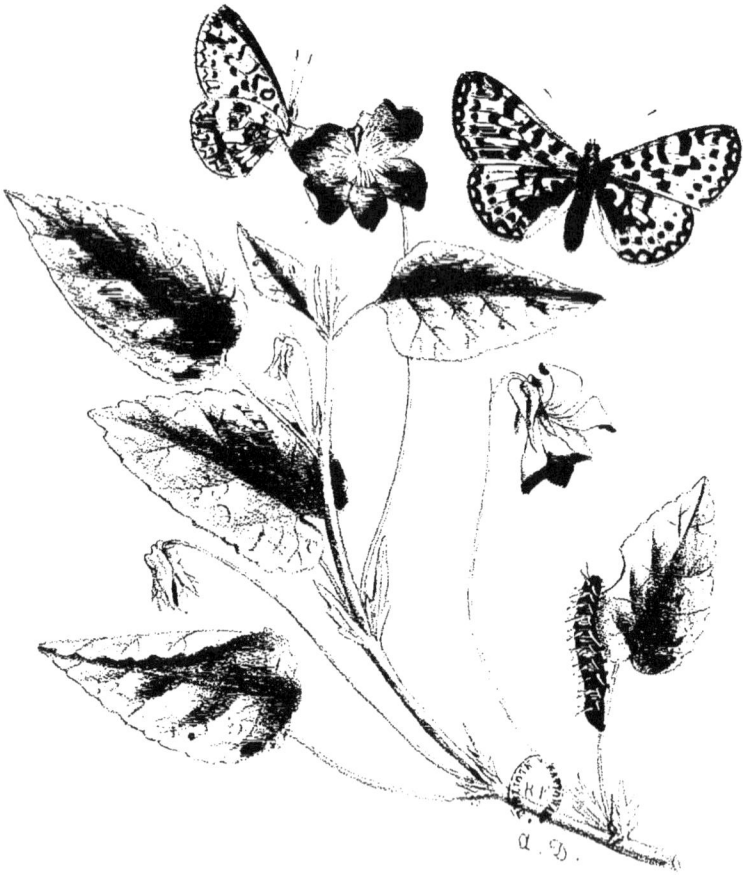

Argynne séléné
sur la Violette des montagnes.

ARGYNNE SÉLÉNÉ.

ARGYNNIS SELENE, STEPH.

SMALL PEARL-BORDERED FRITILLARY.

BRAUNFLECKIGER FALTER.

Hubn. Pap. pl. 5. f. 26-27, p 8. — Esp. Schm. I, pl. 30, suppl. 6, f. 1, p. 325. — Ochsenh. Schm. Eur. 1, 1 p. 55. — Boisd. Ind., p. 19, no 147. — Steph. Cat. of Brit. Lep. p. 12. — Ann. de la Soc. ent. belge, I, p. 21. —Spey. Geogr. verb. I, p. 165. — Staud. Cat. Lep. p. 20, no 245.

Papilio selene, Schiff.—P. euphrosine, *var.* Scop.—P. euphrasia, Lew. - P. silene, How — Melitæa selene, Steph.— *var.*: Marphisa *et* Rinaldus, Herbs.- Hela, Staud.— *ab.*: Thalia Esp. — Selenia, Frey.

Ce papillon est répandu dans presque toute l'Europe, depuis la Laponie jusqu'au nord de l'Espagne, et depuis la Grande Bretagne jusqu'aux monts Altaï; mais il n'a pas été observé en Grèce, en Corse, en Sardaigne et en Andalousie. On le rencontre également dans la partie Nord-Ouest de l'Asie mineure, en Arménie et dans les provinces de l'Amour.

On trouve la chenille en juin et en septembre sur la violette des chiens (*Viola canina*) et sur celle des montagnes (*V. montana*), mais il est très-difficile de la découvrir.

Le papillon vole à la fin de mai, en juin et en août. Il est commun dans les clairières et les prairies humides des bois. Dans la chaîne des Alpes il s'élève jusqu'à une hauteur de 3300 pieds.

Argynne euphrosyne,

sur la Violette de Rouen.

ARGYNNE EUPHROSYNE.

ARGYNNIS EUPHROSYNE.

PEARL-BORDERED FRITILLARY. — BERGVEILCHEN FLATERER.

Ochsenh., t. I, p. 58. — Esper, t. I. pl. XVIII. — Freyer, BEITR., t. III, pl. 139, var —
Speyer, GEOGR. VERB., t. I, p. 166. — Boisd., p. 18. n° 145. — PAPILIO EUPHROSYNE. Lin.
— P. PRINCEPS, Fab. — P ARGENTICOLLIS, Retz. — P. EUPHRASIA, Haw. var. —
P. THALIA, Hüb. var. — MELITÆA EUPHROSYNE, Step.

Cette argynne est rare au sud de la Russie et de la Laponie, mais en
Allemagne elle est commune dans plusieurs localités, tandis qu'elle n'a
jamais été observée dans d'autres ; il en est de même en Grande-Bretagne, en Hollande, en Belgique et en France ; elle est commune sur
les Alpes de la Suisse.

Ce gentil papillon fait ses évolutions depuis la fin de mai jusqu'en
juillet, et il recherche de préférence les endroits montagneux et la cam-
pagne découverte. La prédilection de cette argynne pour les lieux montagneux est cause qu'on l'y trouve voltigeant sur les fleurs en nombre
assez considérable, surtout dans les endroits boisés ou recouverts
d'herbe sur le versant des montagnes; elles se tiennent quelquefois
même dans les endroits les plus arides.

La chenille vit sur la violette hérissée (*Viola hirsuta*), sur la violette de
Rouen (*V. Rothomagensis*) et sur la violette odorante (*V. odorata*).
Lorsque cette chenille a atteint la moitié de sa grandeur, elle s'abrite
pour passer l'hiver, et on la retrouve pendant les mois d'avril et de mai
sur les plantes nourricières. Elle se chrysalide vers la fin de mai, et le
papillon abandonne cette enveloppe au bout d'une quinzaine de jours.

1. Argynne palès,

2. var. Arsilache

sur la Violette odorante.

ARGYNNE PALÈS.

ARGYNNIS PALES, BOISD.

BLASSFLECKIGER FALTER.

Schiff. S. V. p. 177. — Hubn. Pap., pl. 7, f. 34-35; pl. 121, f. 617-18. — Esp. Schm. I, pl. 56, cont. VI. f. 4, 5, p. 35. — Ochsenh. Schm. Eur. I, 1, p. 63. — Frey. Beitr., pl. 115, f. 1, 2, pl. 121, f. 1. 2; N. Beitr. pl. 187, f. 1 (aberr). — Boisd. Ind. meth , p. 18, n° 143. - Spey., Geogr. verb.,I, p 169.—Staud Cat., p. 20.—Ann. de la Soc. ent. de Belg. XIV, Comptes-rendus, p. XII. —

Papilio pales, Schiff. — *Var:* Isis, Hb. — Arsilache, Esp. — Lapponica. Caucasica et Græca, Staud. — *Aberr:* Nepæa, Hb.

Ce joli petit papillon est propre aux régions boréales et alpines; il habite la Scandinavie, la Laponie, la Russie septentrionale et centrale, la Hongrie, l'Autriche, l'Allemagne, la Suisse, les Alpes, les Pyrénées, les montagnes de la Grèce, le Caucase, les monts Altaï et la Sibérie orientale et septentrionale. La présence de cette espèce n'a été constatée en Belgique qu'en 1871 par M. Maassen, d'Elberfeld; ce savant lépi-doptérologiste s'est empressé d'offrir à notre Société entomologique quelques exemplaires de la var. *Arsilache*, pris sur le territoire belge, à la Maison Hestreux (Hertogenwald). L'espèce ne paraît donc être représenté dans notre pays que par une de ses variétés.

La chenille vit sur les violettes et principalement sur la *Viola montana*. Elle est peu connue car il est très-difficile de se la procurer; nous sommes donc obligé de nous contenter de la reproduction d'une figure donnée par Hubner (1). L'insecte parfait vole en juin.

La fig. 1 de notre planche représente l'espèce type; la fig. 2, la var. *Arsilache*; la fig. 3 est une simple aberration.

---

(1) Hubner figure cette chenille comme var. de l'*A. selene*, mais avec doute. Suivant M. Freyer, le dessin donné par Hubner représenterait positivement la chenille de l'*A. pales* ou de sa var. *Arsilache*.

Argynne Dia,

sur la Violette des chiens.

ARGYNNE DIA.

ARGYNNIS DIA.

DIA FRITILLARY. — DIA-FLATERER.

———

Ochsenh., t. I, 1, p. 61. — Esper, t. I, pl. XVI. — Freyer, Neu. Beitr., t. III, pl. 212.
— Speyer, Geogr. Verb., p. 167. — Boisd., p. 18, n° 144.

Cet argynne, bien que très-répandu, est cependant rare dans plusieurs localités ou même y manque complétement. On le trouve au Groenland, en Trans-Caucasie, sur les rives du Volga, en Allemagne, en Hollande, en Belgique, en France et en Italie. On ne l'a pas encore rencontré dans la Grande-Bretagne.

Pendant les mois de juin et de juillet, on voit ce gentil papillon voler de fleur en fleur, sur les buissons qui bordent les chemins, dans les prairies émaillées des bois, ainsi que sur les lisières des forêts et dans les clairières.

C'est sur la violette des chiens (*Viola canina*) et la violette odorante (*V. odorata*) que la femelle pond ses œufs, et ce sont, par conséquent, ces mêmes plantes qui doivent servir de nourriture aux jeunes chenilles. Les chenilles de cette espèce passent l'hiver dans un état léthargique et ce n'est qu'au mois de mai du printemps suivant qu'elles opèrent leur métamorphose, car vers cette époque elles ont atteint leur dernier degré de développement. Pour se chrysalider, les chenilles se suspendent à une plante par la partie anale, et au bout de douze à quinze jours, le papillon abandonne son enveloppe provisoire pour prendre son vol et pourvoir à la perpétuation de son espèce.

Argynne Jno,

sur la Sanguisorbe officinale.

ARGYNNE INO.

ARGYNNIS INO.

INO FRITILLARY. — INO-FLATERER.

———

Ochsenh., t. 1, p. 69. — Esper, t. I, pl. XXV. — Freyer, NEU. BEITR., t. V, pl. 409 — Speyer, GEOGR. VERB., p. 170. — Boisd., p. 17, nº 140. — PAPILIO INO, Lin.—P. DIC-TYNNA, Hüb. — P. PARTHENIE, Bergst. — P. CHLORIS, Esp., mas.

Ce papillon habite la plus grande partie de l'Europe; on le trouve au nord de l'Asie jusqu'au Kamtchatka, en Russie, en Suède, en Norwége, en Danemark, en Allemagne, en Suisse, en Hollande, en Belgique, en France et dans tout l'Orient Jusqu'ici on ne l'a pas encore observé dans la Grande-Bretagne.

Cette jolie espèce se rencontre, depuis le mois de juin jusqu'en août, dans les plaines et sur le versant des montagnes; on la trouve aussi dans les bois, dans les buissons, mais principalement dans les prairies marécageuses de l'intérieur des bois et dans les clairières. C'est dans ces localités qu'on observe ordinairement cet argynne, qui voltige çà et là par couple, et va de temps en temps se mettre sur une feuille ou sur une fleur pour se reposer ou pour y puiser sa nourriture.

La femelle dépose ses œufs sur les plantes qui doivent plus tard servir de nourriture aux chenilles. Ces dernières se trouvent sur la sanguisorbe officinale (*Sanguisorba officinalis*) et sur la spirée barbe de chèvre (*Spiræa aruncus*), mais presque toujours à la partie inférieure des feuilles, ce qui rend leur chasse assez difficile. Après avoir changé plusieurs fois de robe, la chenille se suspend dans un endroit bien abrité et se transforme en chrysalide. L'insecte parfait. qui est rare dans notre pays, vient à éclore dix à quinze jours après la chrysalidation.

Argynne Latone,
sur la Violette des Champs.

ARGYNNE LATONE.

ARGYNNIS LATONIA, TREITSCHKE.

SPAIN FRITILLARY. — KLEINE PERLAMUTTER-FLATTERER.

Ochsenh., t. I, p. 80. — Esper, t. I, pl. XVIII, fig 2. — Boisd., p. 17, n° 126. — Papilio lathonia et P. principissa, Linné. — P. lathonia, Schiff. — P. lathonia, Hüb — P. cethosia, Hüb. var. — Argynnis lathonia, Step.

Cet argynne habite une grande partie de l'Asie, ainsi que les îles Canaries. En Europe, on le trouve en Russie, en Suède, en Norvége, en Allemagne, en Hollande, en Belgique, en Grande-Bretagne, en France et en Italie.

Cette espèce est commune dans la plupart de ces contrées; on la trouve dans les clairières des forêts, les champs, les jardins, au bord des chemins, et en général aussi bien dans les plaines que dans les endroits montagneux. La chenille, que l'on rencontre deux fois par an, ordinairement en juin et en septembre, se trouve aussi parfois durant toute la belle saison. Elle se nourrit de la violette des champs (*Viola arvensis*), de la pensée (*V. tricolor*), de la buglosse (*Anchusa officinalis*) et du sainfoin (*Onobrychis sativa*). Cette chenille vivant solitairement la plupart du temps sur ces plantes, il est souvent très-difficile de l'apercevoir. Dès qu'elle veut se chrysalider, elle se suspend dans un endroit convenablement abrité; mais les individus tardifs passent l'hiver à l'état de chenille et ne se métamorphosent qu'au printemps suivant. Le papillon quitte sa chrysalide après une quinzaine de jours. Il voltige volontiers dans les endroits sablonneux et au-dessus des chemins, où on le voit fréquemment se reposer sur la terre, sur les fleurs et dans les champs de trèfle, mais il se place toujours de préférence sur la violette des champs pour y déposer ses œufs.

Argynne d'aglaé,

sur la violette tricolore

ARGYNNE D'AGLAÉ.

ARGYNNIS AGLAJA, step.

DARK GREEN FRITILLARY. — HUNDSVEILCEN FALTER.

Ochsenh., t. I, p. 91. — Esp., t. I. pl. XVII. — Frey., t. III, pl. 205, var. et pl. 241. — Spey., GEOGR. VERB, t. I, p. 173. — Boisd., p. 17, n° 28. — PAPILIO AGLAJA, Lin. — P. CAROLETTA, Jerm., var. — P. ÆMILIA, Acerbi, var.

La Suède, la Norwége, la Russie, la Laponie, le Danemark, l'Allemagne, la Suisse, la Hollande, la Belgique, la France, l'Espagne, l'Italie et la Grande-Bretagne sont les pays dans lesquels on a observé cette argynne; on l'a même déjà vue en Sibérie et dans l'Asie Mineure. Elle habite les prairies dans les plaines aussi bien que les extrêmes limites de la végétation sur les montagnes.

La chenille hiverne, mais elle n'atteint son complet développement qu'en mai ou juin de l'année suivante ; elle se tient cachée, durant le jour, au revers des feuilles des violettes odorantes (*Viola odorata*), des marais (*V. palustris*), des bois (*V. sylvestris*), de chien (*V. canina*), tricolore (*V. tricolor*), etc. Dès que l'époque de la chrysalidation est venue, cette chenille se suspend par la partie anale à une tige, et le papillon sort ordinairement de sa chrysalide une quinzaine de jours après la métamorphose de la chenille.

On trouve cette argynne, pendant le mois de juin jusqu'en août dans les localités riches en fleurs, telles que les clairières et les lisières des bois.

Argynne niobé,

sur la violette des bois

ARGYNNE NIOBÉ.

ARGYNNIS NIOBE, TREITS.

NIOB FRITILLARY. — FREISAMKRANT FALTER.

Ochsenh., t. 1, p. 83. — Esp., t. I, pl. LXXV. — Frey., N. Beitr., t. IV, p. 81. — Spey.,
Geogr. Verb., t. I, p. 173. — Boisd., p. 17, n° 131. — Papilio niobe, Lin. — P. cleodoxa, Esp. — P. pelopia, Herb. — P. cydippe, Scop.

Ce papillon habite la Syrie, les monts Altaï, la Sibérie, la Laponie,
la Russie, la Suède, la Norwége, l'Allemagne, la Hollande, la Belgique,
la France, l'Italie et l'Espagne.

La chenille de cette espèce vit au printemps sur la violette des bois
(*Viola sylvestris*), la violette des chiens (*V. canina*), la violette des marais
(*V. palustris*), la violette hérissée (*V. hirta*), la violette odorante (*V. odorata*) et la violette tricolore (*V. tricolor*); ce n'est que vers la fin de mai
ou dans le courant du mois de juin qu'elle a atteint toute sa taille. Elle
se fixe alors à des végétaux par la partie anale pour opérer sa métamorphose. Le papillon sort ordinairement de sa chrysalide une quinzaine
de jours après la transformation de la chenille. On le voit jusqu'en
août, voltiger sur les lisières des bois, dans les chemins, dans les prés,
ainsi que dans les pâturages ; il se tient en général aussi volontiers dans
les pays de plaines que dans ceux couverts de monticules ou de rochers.

Argynne Adippé,
sur la Violette odorante.

ARGYNNE ADIPÉ.

ARGYNNIS ADIPE, step.

HIGH BROWN FRITILLARY. — GROSSE PERLAMUTTER-FLATTERER.

Ochsenh., t. I, p 88. — Esper, t. I, pl. XVIII, fig. 1. — Boisd., p. 17, n° 130.— Papilio adippe, Linné.— P. chlorodippe, Hüb. var.— P. cleodox, Esp., var. — P. berecynthia, Poda, var.— P. syrinx, Schr., var.— P. aspasia et P. liriope, Borkh., var. — P. adippine, Scriba, var. — Tachyptera adipe, Berg. — Argynnis cleodoxa, Herbst.

Ce papillon est répandu dans toute l'Europe, ainsi que dans une grande partie de l'Asie. On le trouve en Russie, en Suède, en Norvége, dans toute l'Allemagne, quoique très-rarement dans certaines parties ; en Hollande, en Grande-Bretagne, en Belgique, en France, en Espagne, en Italie et en Grèce.

Cet argynne se tient de préférence dans les clairières, dans les prairies des bois et le long des chemins, où il voltige autour des fleurs et où la femelle dépose ses œufs sur la violette odorante (*Viola odorata*), la violette des chiens (*V. canina*), la violette des champs (*V. arvensis*), la violette hérissée (*V. hirta*) et la pensée (*V. tricolor*). La chenille hiverne, et, si le temps est favorable, on la retrouve déjà en avril, ou bien en mai, sur les plantes ci-dessus nommées. Après avoir plusieurs fois changé de peau, elle se suspend à la tige d'une plante pour se chrysalider, et le papillon en sort une quinzaine de jours après.

L'*Argynnis cleodoxa*, Herbst., n'est qu'une variété de cette espèce, assez commune dans les contrées du Midi, mais que l'on trouve aussi quelquefois en Belgique.

La figure de la planche ci-jointe représente un papillon femelle ; le mâle n'en diffère que par la grandeur, qui est un peu moindre.

Argynne de Paphos,
sur la Violette des bois.

ARGYNNE DE PAPHOS.

ARGYNNIS PAPHIA, STEP.

THE SILVER-WASHED FRITILLARY. — SILBERSTRICH FLATTERER.

Ochsenh. t. I, 1, p. 96. — Esp. t. I, pl. XVII. — Spey. GEOGR. VERB., t. I, p. 175. — Boisd. p. 17, n° 125. — Papilio paphia et P. imperator, Lin. — P. valesina, Esp. var. — Argynnis valesina, var.

Ce joli papillon est répandu dans toute l'Europe et même dans les pays limitrophes de l'Asie. On le trouve particulièrement en Russie, en Suède, en Allemagne, en Grande-Bretagne, en Belgique, en Hollande, en France et en Italie.

Cette espèce est assez commune, dans la plupart de ces contrées, depuis le mois de juin jusqu'en août. On la rencontre à cette époque dans les prés riches en fleurs, dans les clairières et sur les lisières des bois ; elle recherche de préférence, pour se reposer, les fleurs de chardons.

La chenille se tient cachée, durant le jour, dans les endroits ombragés ; elle se nourrit de feuilles d'aubépine (*Cratægus oxyacantha*), de ronce (*Rubus idæus*), de violette des chiens (*Viola canina*), de violette des bois (*V. sylvestris*), de dentaire (*Dentaria bulbifera*) et de julienne (*Hesperis matronalis*). Elle a atteint toute sa taille en mai ou au commencement de juin. La métamorphose a lieu dans des fourrés touffus, très-près du sol ; la chrysalide est entièrement formée au bout d'une couple de jours ; quinze jours plus tard l'insecte parfait peut prendre son essor.

La variété foncée, *A. valesina*, est assez répandue en Belgique.

Hipparche Galatée,

sur la phléole des prés,

HIPPARCHE GALATÉE.

HIPPARCHIA GALATHEA, STEP.

MARBLED WHITE. — LIESCHGRAS FALTER.

Ochsenh., t. I, p. 243. — Esp., t. I, pl. VII. — Frey., t. IV, pl. 379, var., et t. V, pl. 433, var. — Spey., GEOGR. VERB., t. I, p. 190. — Boisd., p. 25, n⁰ 185. — PAPILIO GALATHEA, Lin. — P. SUWAROVIUS et P. PROCIDA, Herbst. var. — P. TURCICA, Friv. var. — MANIOLA GALATHÆA, Schra. — ARGE GALATEA, Hüb. — A. LEUCOTHOE, Step. var. — A. RUSSIÆ, Esp. — A. LYSSIANASSA, Dahl.

L'hipparche galatée se trouve dans la plus grande partie de l'Europe : il habite le sud de la Russie dans le voisinage de Volga et il est très-commun dans les steppes russes ; on le trouve également dans l'Asie Mineure, la Turquie, la Grèce, l'Italie, l'Espagne, la France, la Grande-Bretagne, la Belgique, la Hollande, l'Allemagne et la Suisse. On trouve dans ces différents pays un grand nombre de variétés de cette espèce.

La chenille se tient sur la phléole des prés (*Phleum pratense*), la phléole rude (*P. asperum*) et la phléole de Bœhmer (*P. Bœhmeri*) ; elle se métamorphose en mai ou en juin, au printemps suivant, après avoir passé la saison froide en léthargie. La chrysalide se trouve sur la terre et dépourvue d'enveloppe protectrice ; le papillon se dégage de sa chrysalide au bout de peu de temps et fait ses évolutions en juillet et en août. On trouve alors cette espèce dans les prairies, les clairières des bois et le long des chemins, où elle aime beaucoup à se reposer sur les fleurs des ronces, quelquefois même en nombreuse société.

Erébie franconien
sur la digitaire.

EREBIE FRANCONIEN.

EREBIA MEDUSA boisd.

BLUTGRASFALTER.

Hubn., Pap. pl. 45, f. 103-1, p. 34. — Esp. Schm. I, pl. 7, f. 2, p. 108. — Ochsenh., Schm. Eur., I, 1, p. 273. — Boisd., Ind. meth., p. 27. no 201. — Frey. N. Beitr. I, pl. 43, f. 1. — Ann. de la Soc. ent. de Belg., I,p 26. — Spey. Geogr. verh.I,p.191. — Staud.Cat. p 24, no298. Papilio medusa, Schiff. — P. medea, Herbst. — P. ligea, Esp. nec Lin. — ? Pepiphron, God. — var.: Psodea, Hb. = Eumenis, Fr. — Hippomedusa, Meissn. = ?Lefebvrei. H. S. — Uralensis, Staud. — Polaris, Staud. = ? Rossii, Curt.

C'est une espèce alpine qui a pour patrie la Scandinavie, la Livonie, la Russie, la Hongrie, l'Autriche, l'Allemagne, la France, le Piémont et l'Espagne. Ce papillon a été « découvert par M. J. Putzeys, dans une prairie marécageuse entourée de bois près d'Arlon, en juin 1838; il y était très commun. En 1839, il existait encore dans cette même localité, mais il y était plus rare. En 1840, M. Putzeys l'y a cherché de nouveau sans le rencontrer. M. de Selys l'a retrouvé à Neufchâteau, à Chiny près de Florenville, et à Sainte-Marie dans les bruyères marécageuses. (1) »

La var. *Psodea* se trouve dans la Hongrie orientale, la Russie méridionale et dans la partie N.-E. de l'Asie mineure; la var. *Uralensis* est propre à l'Oural et à la Sibérie; la var. *Polaris* habite la partie méridionale de la Laponie, la Finlande et peut-être aussi l'Amérique boréale; enfin, la var. *Hippomedusa* est répandue sur les montagnes peu élevées de l'Autriche et de la Suisse.

On trouve la chenille, en automne, dans les bois sur diverses gramminées, mais principalement sur la digitaire (*Digitaria sanguinalis*). Après avoir hiverné, elle se montre de nouveau en avril et mai. L'insecte parfait vole dans les bois et dans leurs environs, depuis la fin de mai jusqu'à la fin de juin. Notre chenille est faite d'après une figure donnée par M. Freyer.

---

(1) Ann. de la Soc. ent. de Belg. I, p. 26.

Erébie d'Ethiops
sur le Dactyle pelotonné

ÉRÉBIE D'ÉTHIOPS.

EREBIA ÆTHIOPS, Esp.

THE SCOTCH ARGUS. — HCADSGRASFALTER.

Esp. Schm. 1, pl. 25, f. 3, p. 312 (mas.), pl. 63, f. 1. (fem.) p. 73. — Hubn. Pap., pl. 48.
f. 220-22. — Ochsenh. Schm. Eur. 1, 1, p. 281. — Boisd. Ind. p. 28, n° 216. — Frey.
Beitr. pl. 55, f. 1, 2; pl. 681, f. 1. — Ann. de la Soc. ent. B., 1, p. 27. — Spey
Geogr. verb. 1, p. 201. — Staud. Cat. p. 26. n° 318.

Papilio æthiops, Esp. — P. blandina, Fab. — P. medea, Schiff. — P. medusa,
Bork. — P. alcyone, (fem.) Stew. — P. amaryllus, Walk. — Hipparchia blandina,
Steph. — Erebia blandina, Boisd. — Oreina blandina, West. — Erebia æthiops,
Staud. — Var. : Neoridas, Frey. — Melusina, H. S.

Ce papillon habite la Sibérie orientale et méridionale, les provinces
de l'Amour, le Caucase, les monts Altaï, la Livonie, la vallée du Volga,
l'Allemagne, la partie septentrionale de la Grande Bretagne, la France,
l'Espagne, l'Italie et la Turquie. Ce fut M. Colbeau qui l'observa pour
la première fois en Belgique, au-dessus de la grotte de Han-sur-Lesse,
où cette espèce est assez abondante. La var. *Neoridas* s'observe en
Carniole, en Suisse en en Dalmatie; la var. *Melusina* est propre à
l'Arménie.

La chenille vit en mai et en juin sur le dactyle pelotonné (*Dactylis
glomerata*) et sur quelques autres graminées. La chrysalidation se fait
sur le sol.

L'insecte parfait vole en août, de préférence dans les clairières des
bois ; dans les pays montagneux il s'élève parfois sur les montagnes
jusque près des neiges.

Erébie Ligéa
sur la Digitaire sanguine.

ÉRÉBIE LIGÉA.

EREBIA LIGEA, Lin.

Lin. S. N. x, p. 473 ; F. S. p. 239. — Hubn. Pap. pl. 49, f. 225-28. — Esp. Schm. I, pl. 44, f. 1, 2 ; pl. 54, f. 2. — Ochsenh. Schm. Eur. I, 1, p. 283. — Boisd. Ind. p. 28, n° 218. — Frey. Beitr. pl. 67. — Spey. Geogr. Verb. I, p. 202. — Ann. de la Soc. ent. B. XIV, p. LV et XV, p. cxiii. — Staud. Cat. p. 26, n° 320.

Papilio ligea, L. — P. Alexis, Esp. — Hipparchia ligea, Steph. — Erebia ligea, Boisd. — Var. : Adyte, Hb. — Livonica, Teich.

Ce papillon habite l'Europe occidentale et septentrionale, le Caucase, la Sibérie et l'Altaï. On le rencontre également dans le midi de la France et dans plusieurs parties de l'Italie ; mais il est à remarquer que dans les contrées méridionales, cette espèce ne se montre que sur les montagnes boisées, tandis que dans les pays du nord elle se tient dans les plaines. La var. *Livonica* ne se trouve qu'en Livonie.

C'est à M. L. Quaedvlieg que l'on doit la découverte de cette érébie en Belgique ; ce zélé entomologiste dit même qu'elle est assez commune dans les vallées et au pied des montagnes, le long du chemin qui conduit de Goé à Drossart (Hautes-Fanges).

Suivant Freyer, la jeune chenille sort de l'œuf en août pour passer l'hiver en léthargie ; ce n'est qu'en mai de l'année suivante qu'elle a toute sa taille. Elle vit sur la digitaire sanguine (*Digitaria sanguinalis*). La chrysalidation se fait librement sur le sol. L'insecte parfait vole en juillet et en août, et il n'est pas rare dans les forêts montagneuses du sud-est de la France.

La chenille et la chrysalide de notre planche sont faites d'après les figures données par Freyer.

Hipparche hermite.
sur le Paturin annuel.

HIPPARCHE HERMITE.

HIPPARCHIA BRISEIS, STEPH.

GRUNSCHILLERNDER FALTER.

Lin., S.N. XII, 770. — Hubn., Pap., ¡ l. 28, f. 131, 32, p. 21. — Esp., Schm. I, pl. 26, suppl. 2, f. 1, p. 315. — Ochsenh., Schm. Eur. I, 1, p. 170. — Boisd., Ind. Meth. p. 31, n° 243. — Frey., Neue Beitr., VI. pl. 481. p. 3. — Spey., Geogr. verb. I, p. 208. — Ann. de la Soc ent. belge, V, p. 68. — Staud , Cat. lep. p. 28, n° 341.

Papilio briseis, L. — Janthe major et minor, Esp. — *Var.:* (fem.) Pirata, H.

Ce papillon habite la vallée de l'Oural, le Caucase, l'Allemagne, la Suisse, la France, toute l'Europe méridionale, la Grèce, la Turquie, l'Asie mineure, les monts Altaï, l'Algérie et le Maroc septentrional. Sa présence a été constatée en Belgique par M. Jules Colbeau, qui en prit un exemplaire le 27 août 1861, sur une colline aride, près d'Arlon.

La var. *pirata* se rencontre dans le midi de la France, dans le Nord-est de l'Asie mineure et en Arménie.

La chenille est peu connue : elle a été figurée et décrite pour la première fois dans les *Neue Beiträge*. Ne pouvant l'obtenir en nature, je me suis permis de l'emprunter à la belle publication de M. Freyer, mentionnée ci-dessus. Cette chenille, dit cet auteur, ressemble beaucoup à celle de *phœdra* : elle a la même forme et la même couleur, mais elle est plus courte et un peu plus grosse. Elle hiverne, et se montre dans toute sa taille en mai et en juin. Cette chenille se tient cachée, durant le jour, dans la terre, où elle se nourrit de racines de gramminées; vers le crépuscule, elle grimpe le long des chaumes pour ronger les feuilles des mêmes plantes et en particulier de la seslérie bleue (*Sesleria cœrulea*).

La chrysalidation a lieu à terre, sous une touffe d'herbe. L'insecte parfait se montre en juillet et août, dans les androits arides et montagneux.

Hipparche agreste.
sur la Canche flexueuse

HIPPARCHE AGRESTE.

HIPPARCHIA SEMELE, step.

THE GRAYLING. — ADLERBRAUNER FALTER.

Hübn., Pap., pl. 31, f. 143-44, p. 25. — Esp., Schm., I, pl. 8, f. 1, p. 114. — Ochsenh., Schm. Eur., I, 1, p. 197. — Boisd., Ind., p. 31, n° 147. — Bon., Mém. de l'Acad. de Tur., XXX, p. 177, pl. 2, f. 1. — Steph., Cat. of Brit. Lep., p. 6. — Ann. de la Soc. ent. belge, I, p. 29. — Spey., Geogr. verb., I, p. 209.

Papilio semele, Lin. — Satyrus semele, Boisd. — *Var.* : S. aristeus, Bon.

C'est l'espèce la plus commune du genre; elle est répandue dans toute l'Europe, depuis la Suède, la Norwége, la Laponie et la Livonie, jusqu'en Italie et en Espagne. En Belgique elle est très-commune dans les bruyères et sur les collines arides.

Les individus qui vivent dans les dunes d'Ostende sont généralement plus grands et plus pâles que ceux qu'on rencontre dans l'intérieur du pays. A Rochefort, au contraire, M. de Selys en a observé qui sont de plus petite taille et dont les couleurs vives rappellent l'*Arethusa.*

La chenille vit, en mai, sur les canches (*Aira caespitosa* et *montana*) et autres graminées; elle se cache durant le jour au pied des plantes nourricières.

L'insecte parfait vole en juin et juillet et parfois même jusqu'en septembre.

Satyre arachné
sur le Brome mou.

SATYRE ARACHNÉ.

SATYRUS STATILINUS, Staud.

EYRUNDAÜGIGER FALTER.

Hufn. BERL. MAG. II, p. 84. — Sulz. ABG. GESCH. D INS. II, pl. 17, f. 8, 9, p. 145. — Esp.
SCHM. I, pl. 29, f. 1. et pl. 63, f. 7. — Hubn. PAP. pl. 100, f. 107-9. — Ochsenh. SCHM.
EUR. I, I, p. 184. — Boisd. IND. p. 30, n° 240. — ANN. DE LA SOC. ENT. B I, p. 27. —
Spey. GEOGR. VERB. I, p. 211. — Staud. CAT. p 29, n° 355.

PAPILIO STATILINUS, Hufn. (1766). — P. FAUNA, Sulz. (1776). — P. ARACHNE, Schiff. —
SATYRUS FAUNA, Boisd. — *Var.:* ALLIONIA, Fab.

Cette espèce habite l'Europe centrale et méridionale : on la rencontre en Allemagne, dans le sud de la Russie, en Autriche, en France,
en Italie, en Corse, en Espagne, en Portugal, sur l'île d'Elbe, en
Turquie, en Grèce et en Syrie. Elle se montre accidentellement en
Hollande et en Belgique, où elle a été prise dans différentes localités,
notamment dans la Campine anversoise et près de Louvain.

La chenille de ce satyre n'est pas connue.

L'insecte parfait vole en août, de préférence sur les lisières et dans
les clairières des bois de conifères. Nous l'avons figuré pour cette raison sur une branche de pin, mais il est peu probable que la chenille
vive sur cet arbre.

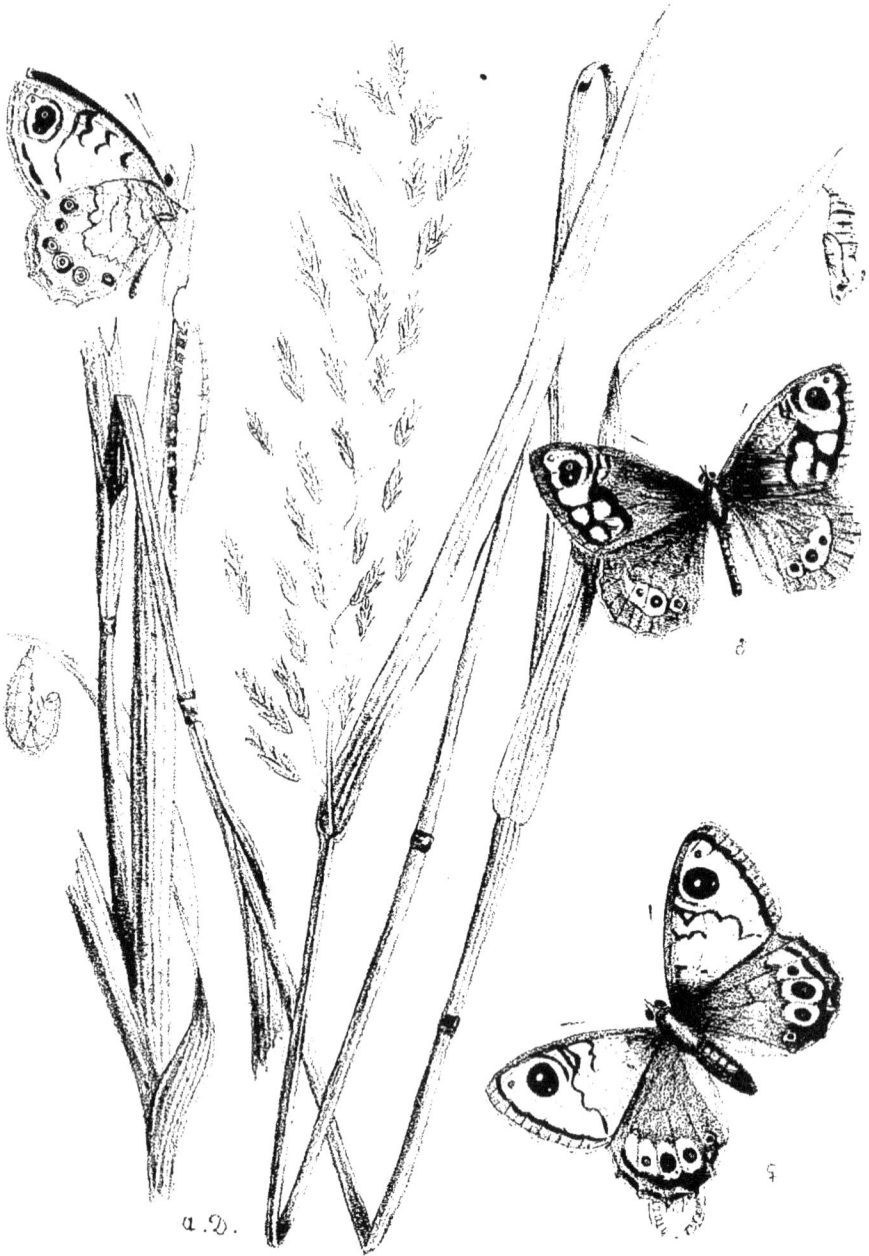

Pararge méra
sur la Glycérie flottante.

PARARGE MÉRA.

PARARGE MÆRA, hb.

RISPENGRASFALTER.

Lin. S. N. 1, 2, p. 771; F. S. 2ᵉ éd. p. 275. — Hubn. Pap. pl. 39, f. 174–75, p. 29. — Esp. Schm. pl. 6, f. 2, p. 96. — Ochsenh. Schm. Eur. I, 1, p. 231. — Boisd. Ind. p. 32, n° 259.— Ann. de la soc. ent. Belge, I, p. 28. — Spey. Geogr. verb. I, p. 213. — Staud. Cat. Lep. p. 30, n° 369.

Papilio mæra, L. — var : Adrasta, Hb. — Adrastoides, Bien. Diss.

Ce papillon habite la Laponie, la Scandinavie, la Russie, l'Allemagne, la Belgique, la France, l'Espagne, l'Italie, l'Autriche, la Syrie, l'île de Chypre, l'Altaï et l'Hyrcanie (Perse). Il n'a pas été observé au Danemark, dans la Russie méridionale, en Hollande, en Grande Bretagne et dans les provinces allemandes voisines de la mer du Nord.

La var. *Adrasta*, à couleurs plus sombres, se trouve dans une grande partie de l'Europe ; en Belgique, elle est presque aussi répandue que le type. La var. *Adrastoides* est propre à l'Hyrcanie.

La chenille vit en avril et en juin sur un grand nombre de graminées, principalement sur le paturin annuel (*Poa annua*), la glycérie flottante *(Glyceria fluitans)* et l'orge queue-de-rat (*Hordeum murinum*). On trouve souvent la chrysalide fixée aux murs et aux rochers ; elle est tantôt verte, tantôt d'un noir verdâtre, avec deux rangées dorsales de tubercules jaunes ou fauves.

L'insecte parfait vole dès la fin de mai jusqu'en juillet. Il habite, chez nous, les bords de la Meuse, le Condroz, l'Ardenne et le Hainaut, où il n'est pas rare sur les rochers et les vieilles murailles.

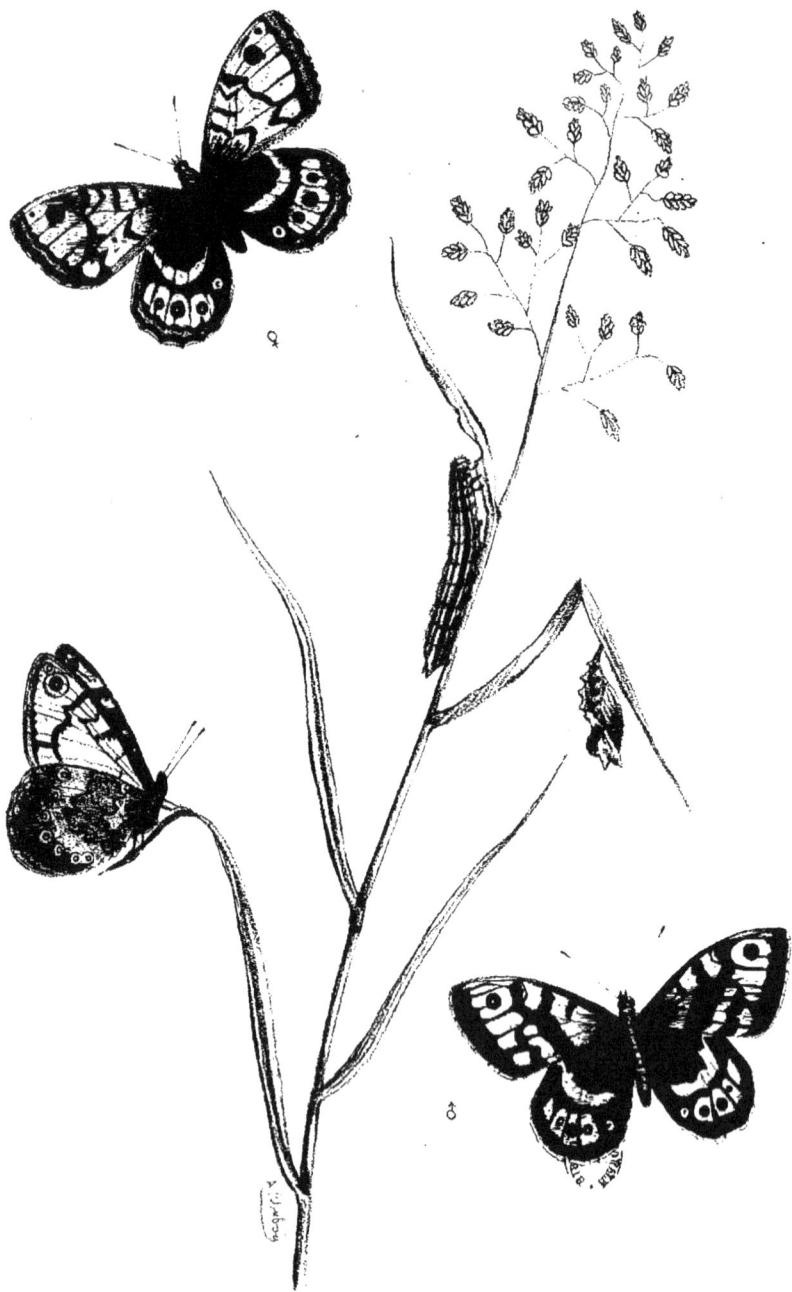

Hipparche Mégère,
sur le Paturin annuel.

HIPPARCHE MÉGÈRE.

HIPPARCHIA MEGAERA, STEP.

THE WALL. — SCHWINGELGRASFALTER.

———

Hübn., Pap., tab. 29, p. 39. — Esp., Schmet., I Theil, tab. VI, fig. 3, p. 101. — Sepp,
Nederl. Ins., t. II, tab. II et III, p. 6. — Borkh. Eur. Schmet., I Theil, p. 79 et 237,
n° 18. — Ochsenh., Die Schmet. v. Eur., t. I, p. 235. — Boisd., p. 30, n° 262. —
Spey, Geogr. verb., t. I, p. 216.

Papilio Megaera. Lin. — P. Maera, Bork. — Satyrus Megaera, Boisd. — Lasiommata Megaera, West. — Pararge Megaera, H.

On trouve ce papillon en Algérie, en Syrie et au Caucase. En Europe,
il est plus ou moins commun, suivant les contrées, mais on ne le rencontre guère au delà de la latitude de Christiania. Cette espèce est donc
répandue depuis le sud de la presqu'île des Scandinaves, l'Allemagne
et la Grande-Bretagne, jusqu'en Italie et en Espagne, et enfin dans le
nord de l'Afrique. En Belgique, elle est très-commune.

La chenille vit en deux générations sur diverses graminées des
genres *Poa, Hordeum, Festuca,* etc. (1); on la trouve au printemps et
une seconde fois en juillet. A l'approche de la chrysalidation, elle se
suspend par la partie anale aux tiges et aux feuilles des plantes nourricières, ce qui fait que la chrysalide est simplement fixée par sa partie
postérieure.

Le papillon vole, depuis le mois de mai jusqu'en automne, le long
des chemins, des murs et dans les endroits arides.

(1) Les plantes de la famille des Graminées sont, en général, difficiles à déterminer
pour les personnes qui n'ont pas fait de la botanique une étude approfondie. C'est probablement pour cette raison que les entomologistes ont fréquemment confondu les
espèces entre elles, à tel point qu'on n'a souvent que des données incertaines sur la
nourriture des chenilles qui ne vivent que sur les Graminées.

Hipparche Egérie,

sur le Froment rampant.

HIPPARCHE ÉGÉRIE.

HIPPARCHIA EGERIA, Step.

SPECKLED WOOD. — QUECKENGRAS-FALTER.

Ochsenh., t. I, p. 238. — Esper, t. I. pl. VII. — Freyer, Neu. beitr., t. V. pl. 403. — Speyer, Geogr. Verd., t. I, p. 217. — Boisd., p. 32, n° 264. — Papilio ægeria, Lin. — P. meone. Hüb. var. — P. xiphia, Fab. — Lasiommata ægeria, Step. — Pararge ægeria, Hüb.

La Suède, la Norwége et la Russie sont les pays où cette espèce se trouve le plus rarement, tandis qu'elle est assez abondante dans plusieurs contrées de l'Allemagne et commune en Hollande, en Belgique, en France, en Italie et en Grande-Bretagne; elle a aussi été observée aux îles Canaries et en Algérie.

Pendant le mois de mai jusqu'à la fin d'août, on voit le papillon voltiger dans les endroits ombragés des jardins, dans les chemins creux et dans les bois touffus où croît beaucoup d'herbe. Il se repose souvent sur des fleurs ou des buissons et même sur la terre nue, mais toujours à l'ombre.

La femelle dépose ses œufs, qui sont ronds et d'un vert blanchâtre. dans l'herbe, et l'on trouve la chenille, de juillet jusqu'en septembre, sur le froment rampant (*Triticum repens*), le paturin commun (*Poa trivialis*), le paturin des forêts (*P. nemoralis*), etc. Il est très-difficile d'apercevoir cette chenille à cause de sa couleur qui est analogue à celle de l'herbe et surtout par l'habitude qu'elle a de se placer de manière à ne pas être vue d'en haut. Les chenilles de la première génération se chrysalident la même année que l'éclosion des œufs, tandis que celles de la seconde hivernent dans un état de léthargie, et ce n'est alors qu'au mois d'avril qu'elles acquièrent leur entier développement. Le papillon sort de sa chrysalide une quinzaine de jours après la métamorphose de la chenille.

Hipparche janire,

sur le Paturin annuel.

HIPPARCHE JANIRE.

HIPPARCHIA JANIRA, step.

MEADOW BROWN. — RINDGRASFALTER.

———

Ochsenb., t. I, p. 218. — Esp., t. I, pl. X. — Speyer, GEOGR. VERB., t. I, p. 220. — Boisd., p. 31, nº 253 — PAPILIO JANIRA, Lin. — P. JURTINA, Lin. fem. — P. IBISPULLA, Esp. — SATYRUS JANIRA, Boisd.

Cet hipparche se rencontre en Syrie, en Algérie, aux iles Canaries, en Portugal, en Espagne, en Italie, en France, en Belgique, en Hollande, en Grande-Bretagne, en Allemagne, en Norwége, en Suède, en Russie et en Turquie.

Ce papillon, qui est commun presque partout, se rencontre de juin jusqu'en août, au bord des chemins, dans les plaines et même sur les rochers nus et les montagnes les plus élevées. Il est facile à prendre, car il vole souvent sans aucune crainte autour du chasseur.

La chenille vit sur différentes graminées, telles que le paturin des prés (*Poa pratensis*), le paturin commun (*P. trivialis*), le paturin annuel (*P. annua*), et autres plantes du même genre. Lorsqu'elle a atteint la moitié de sa grandeur, elle s'abrite pour passer l'hiver, et ce n'est que vers la fin de mai de l'année suivante qu'elle acquiert tout son développement. Elle se chrysalide alors et le papillon apparaît au bout de deux à trois semaines.

Hipparche de Tithon.

sur le Paturin commun.

HIPPARCHE DE TITHON.

HIPPARCHIA TITHONUS, step.

GATE HEEPER. — WASENGRASFALTER.

Ochsenh., t. I, p. 210. — Esp., t. I. pl. IX.—Speyer, GEOGR. VERB., t. I, p. 220. — Boisd., p. 31, nᵒ 254. — PAPILIO TITHONUS, Lin. — P. PILOSELLÆ, Fab. — P. HERSE, Schiff. — P. TITHONIUS, Vill. — P. AMARYLLIS, Bork. — P. PHŒDRA, Esp. — SATYRUS TITHONUS, Boisd.

Ce papillon n'habite que dans quelques parties de l'Allemagne, et il est surtout commun près de l'Ahr et sur les bords du Rhin jusqu'en Suisse; on le rencontre aussi dans la Grande-Bretagne, en Hollande, en Belgique, en France et en Italie.

C'est pendant les mois de juillet et d'août que l'on voit cet hipparche dans les endroits secs et pierreux, où il se repose souvent sur les feuilles des buissons ou sur des pierres et même sur la terre nue; il ne tarde pas à reprendre son vol pour aller voltiger de fleur en fleur, accompagné quelquefois d'un de ses semblables avec lequel il s'élève dans les airs où ils folâtrent et se poursuivent mutuellement.

La chenille, qui est d'une nature très-indolente, se tient principalement sur le paturin annuel (*Poa annua*) et le paturin commun (*P. trivialis*). Cette chenille hiverne avant même d'avoir atteint son complet développement; puis, après avoir passé la mauvaise saison en léthargie, elle se dégourdit et continue à se développer, mais tarde encore longtemps avant d'atteindre sa grandeur normale, car sa croissance est des plus lente. Ce n'est qu'en juin qu'elle opère sa métamorphose, et l'éclosion de la chrysalide a lieu au bout de deux à trois semaines.

C

Hipparche hypéranthe.

sur le Millet étalé.

HIPPARCHE HYPÉRANTHE.

HIPPARCHIA HYPERANTHUS, step.

BINGLET WOOD. — HIRSENGRAS-FALTER.

Ochsenh., t. I, 1, p. 225. — Esper, t. I, pl. V — Freyer, Neu. Beitr , t. V, pl. 403.
— Speyer, Geogr. Verb., t. I, p. 222. — Boisd., p. 32, n° 266. — Papilio hyperanthus, Lin. — P. polymeda, Scop. — P. arete et P. vidua, Müller, var. — Enodia
hyperanthus, Step. — Epinephila hyperanthus, Hüb

Ce papillon habite particulièrement, en Russie, les environs du
Volga et des monts Ourals; on le voit encore en Laponie, en Suède,
en Grande-Bretagne, en Hollande, en Belgique, en Allemagne et en
France.

On trouve cette espèce, en juillet et en août, dans tous les endroits
abondamment pourvus d'herbe et de fleurs, tels que les jardins, les
prairies, les clairières des forêts et le bord des chemins ombragés des
bois. La femelle dépose ses œufs, qui sont ronds et d'un blanc brunâtre,
dans l'herbe et elle ne prend aucun soin pour les garantir des intempéries atmosphériques.

La chenille vit sur le millet étalé (*Milium effusum*), le paturin annuel
(*Poa annua*), le carex des bois (*Carex sylvatica*), le carex des montagnes (*C. montana*) et le carex en gazon (*C. cæspitosa*). Durant le
jour elle se tient cachée, ce qui est cause qu'on ne la trouve que très-
difficilement. Lorsqu'elle a quitté son œuf et qu'elle est parvenue à la
moitié de sa grandeur, elle s'abrite convenablement pour passer l'hiver.
On peut la retrouver dans l'herbe au printemps pendant quelque
temps encore, parce que sa croissance est très-lente et qu'elle est d'un
naturel nonchalant. Pendant la première période de son existence,
cette chenille est d'une teinte jaunâtre, plus tard elle devient rougeâtre.

La chrysalidation a lieu également dans l'herbe, et le papillon
abandonne sa chrysalide au bout de trois semaines. Pendant certaines
années il est très-commun.

1. Cénonymphe moélibée ; 2 . C . Daphnis ;
3. Var. Philoxenus .

CÉNONYMPHE MOÉLIBÉE.

CŒNONYMPHA HERO, Lin.

SCHEINSILBERÄUGIGER FALTER.

Lin. F. S. p. 274. — Hubn. Pap. pl. 53, f. 252-53, p. 42. — Esp. Schm. I, pl. 22, f. 4, p. 295. — Ochsenh. Schm. Eur. I. 1, p. 313. — Boisd. Ind. p. 33, n° 268. — Ann. de la Soc. ent. B. I, p. 29. — Spey. Geogr. verb. I, p. 223. — Staud. Cat. p. 32, n° 395.

Papilio hero, L. — P. sabæus, Fab. — Satyrus hero, Boisd. — Cœnonympha hero, auct. — Var. : Perseis, Led.

Habite l'Europe centrale, la Scandinavie et la Livonie, mais n'existe pas en Grande Bretagne. La var. *Perseis* est propre à l'Altaï. En Belgique cette espèce est très-commune dans certaines localités ; elle est surtout abondante en Ardenne et dans le Condroz, et on la prend même assez communément dans les environs de Bruxelles.

La chenille n'est pas connue. L'insecte parfait vole en juin et en juillet.

CÉNONYMPHE DAPHNIS.

CŒNONYMPHA TIPHON, Rott.

THE MARSH RINGLET — GLANZKERNÄUGIGER FALTER.

Rott. Naturf. VI, p. 15. — Fab. Gen. p. 259. — Hubn. Pap. pl. 52, f. 243-44, p. 41. — Esp. Schm. I, pl. 54, f. 3, p. 25. — Ochsenh. Schm. Eur. I. 1, p. 302. — Boisd. Ind. p. 33, n° 276. — Ann. de la Soc. ent. B. I, p. 30. — Spey. Geogr. verb. I, p. 226. — Staud. Cat. p. 32, n° 406.

Papilio tiphon, Rott. (1775). — P. davus, F. (1777). — P. tullia, Hb. — P. musarion, Bork. — Satyrus davus, Boisd. — Hipparchia davus, S. — Maniola tiphon, Schr. — Cœnonympha davus, Steph. — C. tiphon, Staud. — Var. : Laidion, Bork. — Philoxenus, Esp. = Rothliebi, Staud. — Isis, Thnb. = Demophile, Frey.

Ce papillon a pour patrie l'Europe septentrionale et centrale ; il est très-commun dans certaines localités de la Belgique. La var. *Laidion* habite l'Ecosse et l'Irlande ; la var. *Philoxenus (Rothliebi)* se trouve dans le Holstein, en Angleterre et en Belgique ; enfin la var. *Isis* est propre à la Laponie.

La chenille est inconnue.

Le papillon vole en juin dans les prairies marécageuses.

Cœnonymphe céphale,
sur la Mélique à une fleur.

CŒNONYMPHE CÉPHALE.

COENONYMPHA ARCANIA, H. SCH.

PERLGRASFALTER.

Hübn., Pap., pl. 51, f. 240-42. p. 42. — Esp., Schm., 1, pl. 21, f. 4, p. 285. — Ochsenh., Schm. Eur., 1, 1, p. 517. — Boisd., Ind., p. 53, n° 270. — Boisd. et Ramb., Coll. icon. des chen., pl. 4, f. 4-7. — Ann. de la Soc. ent. belge, t. 1, p. 30.— Spey., Geogr. verb., I, p. 225.

Papilio arcanius, L. — P. arcania, Hübn. — P. amyntas, Scop. — Satyrus arcanius, Boisd. Hipparchia arcania, Pr.

Le céphale, comme on l'appelle vulgairement, habite les parties boisées du sud de la Norwége et de la Suède, la Russie tempérée et méridionale, l'Allemagne, la Hollande, la France, l'Italie et l'Algérie. En Belgique il est très-commun dans les clairières des bois du Condroz.

La chenille vit sur un grand nombre de graminées, particulièrement sur les méliques (*Melica ciliata* et *nutans*).

Cette chenille atteint toute sa taille en mai; elle se fixe alors par la partie caudale, pour opérer ses métamorphoses. L'insecte parfait apparaît au bout de trois semaines; on le rencontre, en juin et juillet, dans les clairières et sur les lisières des bois.

Cénonymphe pamphile.
sur le Cynosure à crête.

CÉNONYMPHE PAMPHILE.

CŒNONYMPHA PAMPHILUS, steph.

THE SMALL HEATH. — KAMMGRAS — FALTER.

Lin., S. N. X, 472 ; F. S. 273. — Hubn. Pap. pl. 51. f. 237-39. — Scop., Ent. Carn. p. 175.
— Esp., Schm. I, pl, 21, f. 3, p. 282.—Ochsenh., I, 1, p. 305.—Boisd. Ind. meth , p. 33, n°
277. — Steph., List. Brit. lep. p. 9, — Ann. de la soc. ent. belge, I, p. 30, n° 81.— Spey.,
Geogr. verb. I, p. 226. — Staud. Cat, lep., p. 32, n° 405.

Papilio pamphilus, L. — P. menalcas, Scop. — P. nephele, Bork. — Hipparchia pamphilus,
Steph. — *Var. :* Lyllus, Esp.

Ce papillon est répandu dans presque toute l'Europe ; l'aire géographique de cette espèce s'étant au Nord jusqu'au 66°, au Sud jusque dans l'Afrique septentrionale et la Syrie, à l'Est jusqu'aux monts Altaï, à l'Ouest jusqu'au Portugal et les îles Britanniques ; elle est commune en Belgique.

La var. *Lyllus* est propre au Tyrol méridional et à toute les contrées du midi.

On trouve la chenille durant toute la belle saison, car cette [espèce a généralement deux ou trois générations par an. Elle vit sur différentes graminées à feuillage tendre, et en particulier sur le cynosure à crête (*Cynosurus cristatus*) et les paturins (*Poa*). Pour se métamorphoser, elle se suspend, par la partie anale, à une tige ou à une feuille.

L'insecte parfait vole depuis le mois de mai jusqu'en septembre.

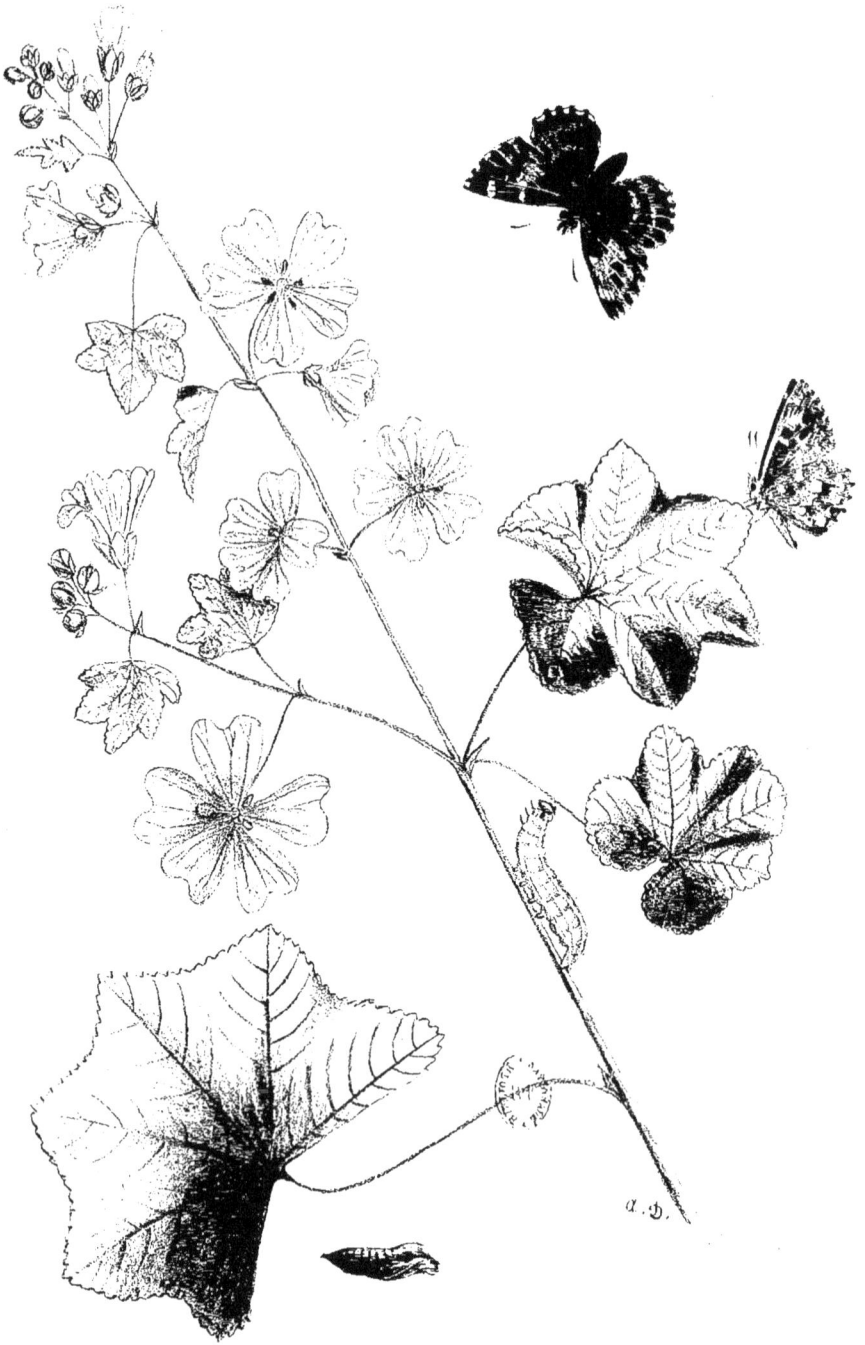

Spilothyre de la mauve
sur la Mauve sylvestre.

SPILOTHYRE DE LA MAUVE.

SPILOTHYRUS ALCEÆ, Esp.

MALVENFALTER

Esp. Schm. I, pl. 51, f. 3. p. 4. — Hubn. Pap. pl. 90. f. 450-51. — Hoffsgg. Ill. Mag. III,
p. 198. — Ochsenh. Schm. Eur. I, 2. p. 195. — Boisd. Ind. Meth. p. 35, n° 289. —
Ann. de la Soc. Ent. B., I, p. 32, n° 88. — Spey. Geogr. Verb. I, p. 295. — Staud.
Cat. p. 33, n° 411.

Papilio alceæ, Esp. — P. malvarum, Hoffsgg. — P. malvæ, Hb. — Syrichtus
malvæ, Boisd. — S. malvarum, Sp. — Spilothyrus alceæ, Staud. — Var. :
Australis. Z.

Ce papillon habite l'Europe centrale et méridionale, à l'exception du
Danemarck et de la Grande-Bretagne; on le trouve également en
Algérie, au nord du Maroc, dans l'Asie occidentale et dans la Sibérie
orientale. En Belgique il est assez commun, d'après M. Charlier,
autour des fortifications d'Anvers, et M. Dutreux l'a trouvé abondamment sur nos dunes.

La chenille vit, en juin et en septembre, sur différentes espèces de
mauves *(Malva sylvestris, rotundifolia* et *alcea)*, ainsi que sur les
chardons; dans les jardins on la trouve parfois sur la rose trémière
(Althœa rosea). Cette chenille roule sur elle-même l'extrémité des
feuilles dont elle se nourrit, en forme une espèce de cornet et s'y tient
cachée jusqu'au moment de la chrysalidation ; celle-ci s'opère également
dans ce même repli de la feuille. Les chenilles de la première génération subissent toutes leurs métamorphoses dans l'espace de six
semaines ; celles de la seconde, passent l'hiver en léthargie, et ne se
transforment en chrysalide qu'en avril. Le papillon prend son essor
en mai, et vole de préférence le long des chemins.

1.Syrichte bigarré; 2 S.damier.

SYRICTHE BIGARRÉ.

SYRICTHUS CARTHAMI, Hubn.

GANZWURFLIGER FALTER.

Hubn. PAP. pl. 143, f. 720-23. — Ochsenh. SCHM. EUR. I, 2, p. 205 (excl. cit.) et IV, p. 159. — Frey. N. BEITR. V, pl. 389, f. 3. — Boisd. IND. p. 36, n° 298. — ANN. DE LA SOC. ENT. B. I, p. 33, n° 90. — Spey. GEOGR. VERB. I, p. 291. — Staud. CAT. p. 33, n° 420.

PAPILIO CARTHAMI, Hb. — P. TESSELLUM, Ochs. — SYRICTHUS CARTHAMI, Boisd. — *Var.* : MŒSCHLERI, HS.

Habite la Livonie, la vallée du Volga, le Caucase, l'Allemagne, la France, le Piémont, la Turquie, l'Asie mineure et la Sibérie ; il est rare en Belgique, où il a été pris aux ruines d'Orval par M. de Selys-Longchamps, et à Arlon par M. Putzeys. La var. *Mœschleri* se trouve dans la Russie méridionale.

Chenille inconnue. L'insecte parfait vole en mai, juillet et août.

SYRICTHE DAMIER.

SYRICTHUS ALVEUS, Hubn.

HALBWURFLIGER FALTER.

Hubn. PAP. pl. 92, f. 461-63. — Ochsenh. SCHM. EUR. I, 2, p. 207. — Ramb. FN. ENT. DE L'AND. pl. 8, f. 3. — Boisd. IND. p. 36, n° 295. — ANN. DE LA SOC. ENT. B. I, p. 33, n° 89. — Spey. GEOGR. VERB. I, p. 292.— Staud. CAT. p. 33, n° 421.

PAPILIO ALVEUS, Hb. — SYRICTHUS ALVEUS, Boisd. — *Var.* : FRITILLUM, Hb., de Sel. (1837) et Quaedv. ══ CIRSII, Rbr. ══ ALVEUS 2ᵉ gén. (MINOR)? Mab.

Cette espèce a pour patrie l'Europe centrale, sauf la Hollande et la Grande-Bretagne ; on la rencontre également en Asie mineure, en Syrie, en Arménie et en Hyrcanie. L'espèce type a été prise dans les environs d'Arlon par M. de Selys ; la var. *Fritillum* est commune en juillet sur les rochers arides des bords de l'Ourthe et de la Meuse ; M. de Selys me dit qu'elle parait en Condroz jusqu'en septembre.

La chenille n'est pas connue.

1. Syrichte serratule, 2. S de la Mauve, 3 var. Taras, 4. S. sao.

SYRICTHE SERRATULE.

SYRICTHUS SERRATULÆ, Ramb.

Ramb. Fn. ent. de l'and. pl. 8. f. 6, 7. et Cat. p. 77. — Frey. N. Beitr. vi. pl. 621, f. 3 et pl. 493. f. 3. 4 *(Var.)* — Boisd. Ind. p. 36, n° 299. — Staud. Cat. p. 34, n° 422. — Quaedv. Pap. diur. p. 67.

Papilio serratulæ, Rbr. — Syricthus serratulæ, Boisd. — S. Alveus, de Sel. (1837 et 1844). — *Var.:* Cæcus, Frey.

La patrie de cette espèce est l'Europe centrale et méridionale, l'Arménie, la Syrie et la Sibérie orientale; en Belgique on la rencontre dans les environs d'Arlon, sur les rives de la Meuse et sur la montagne Saint-Pierre (Quaedvlig), ainsi que sur les bords de l'Ourthe (de Selys). La var. *Cæcus* habite les Alpes.

L'insecte parfait vole à la fin de mai et en juin, et une seconde fois au commencement d'août.

La chenille est inconnue.

SYRICTHE DE LA MAUVE.

SYRICTHUS, MALVÆ, Lin.

THE GRIZZLE.

Lin. S. N. x. p. 485, F. S. p. 285. — Hubn. Pap. pl 92, f. 466-67. — Ochsenh. Schm. Eur I, 2, p. 208. - Rbr. Fn. ent. de l'and. p. 76. — Frey. N. Beitr. iv, pl. 361, f. 2. — Boisd. Ind. p. 37, n° 305. — Step. Cat. Br. lep. p. 19. — Ann. de la Soc. ent. B. 1, p. 33, n° 92. — Spey. Geogr. verb. I, p. 290. — Staud. Cat. p. 34, n° 426.

Papilio malvæ, L. — P. alveolus, Hb. — Thymele alveolus, Step. — Syricthus alveolus, Boisd. — S. malvæ, Staud. — Pyrgus malvæ, West. — P. alveolus, Step. — *Var.:* Melanotis, Dup. — *Aber.:* Taras, Meig.

Habite toute l'Europe, la Grande-Bretagne, l'île de Chypre, l'Asie mineure, la Sibérie orientale et l'Altaï; la var. *Melanotis* a pour patrie la Grèce et la Syrie.

Ce papillon est commun en Belgique dans les bois et sur les montagnes, sauf en Hesbaye.

L'insecte parfait vole depuis la fin de mai jusqu'en juillet, et se pose de préférence sur les ronces et les chardons. La chenille vit, dit-on, sur les chardons et les fraisiers des bois.

SYRICTHE SAO.

SYRICTHUS SAO, Hubn.
KLEINWURFLIGER FALTER.

Hubn. Pap. pl. 93, f. 471-72, p. 71. — Hoffm. Ill. Mag.. III, p. 203. — Ochsenh. Schm. Eur. I, 2. p. 211 et p. 213 — Frey. N. Beitr. iv. pl. 361, f. 4. — Boisd. Ind. p. 37, n° 308. — Ann. de la Soc. ent. B. I, p. 33. — Spey. Geogr. verb. I, p. 289. — Staud. Cat. p. 34, n° 430.

Papilio sao, Hb. — P. sertorius, Hoffm. — Syricthus sao, Boisd. — *Var.*: Eucrate, Esp. — Therapne, Rbr.

Habite l'Allemagne centrale et méridionale, la Belgique, la France, l'Italie et la péninsule Ibérique. Var. *Eucrate* : Europe méridionale ; var. *Therapne* : Corse et Sardaigne.

Vole du 20 mai au 15 juin et une seconde fois en août, sur les bords de l'Ourthe et de la Meuse ainsi qu'à la montagne Saint-Pierre. La chenille est inconnue.

Caractères distinctifs des syricthes indigènes (1). — 1. *Carthami*. — Teinte générale, en dessus, tirant au cendré bleuâtre chez les mâles ; ailes postérieures avec une série de petites taches antimarginales blanches, et la frange faiblement marquée de noir ; dessous des mêmes ailes d'un vert olivâtre très-pâle, avec une bande marginale blanche allant de l'angle externe à l'angle interne, et des taches de même couleur de forme arrondie.

2. *Alveus*. — Taille du précédent. Teinte générale en dessus d'un brun légèrement olivâtre ; frange nettement entrecoupée de noir aux 4 ailes ; les postérieures avec une série de petites taches antimarginales olivâtres ou roussâtres ; le dessous des mêmes ailes est d'un vert olivâtre plus foncé que chez *Carthami*, avec les taches non arrondies et les nervures se dessinant en jaune olivâtre clair. — La var. *Fritillum* offre les même caractères, seulement sa taille est plus petite, et le mâle a la bordure antimarginale des ailes postérieures, en dessus, plus blanchâtre.

3. *Serratulæ*. — Diffère du précédent, en dessus, en ce que les petites taches antimarginales des ailes postérieures ne sont plus ici que des ombres blanchâtres ; en dessous des mêmes ailes, les nervures ne se dessinent pas par une nuance plus claire, et les taches blanches sont un peu plus petites que chez *Alveus*.

4. *Malvæ*. — Facile à distinguer par sa petite taille et par la série de petites taches antimarginales blanches, qui existent même sur les ailes antérieures ; en dessous les ailes postérieures sont plus foncées que chez *Alveus*, et les nervures de couleur claire se dessinent encore mieux que chez ce dernier.

5. *Sao*. — Se reconnaît facilement par la teinte du fond des ailes postérieures, en dessous, qui est d'un rouge brique.

---

(1) Nous avons établi ces caractères d'après des individus pris en Belgique, qui nous ont été communiqués, avec des renseignements fort judicieux, par M. de Selys-Longchamps. (Voy. aussi la description du genre dans *l'Introduction*.)

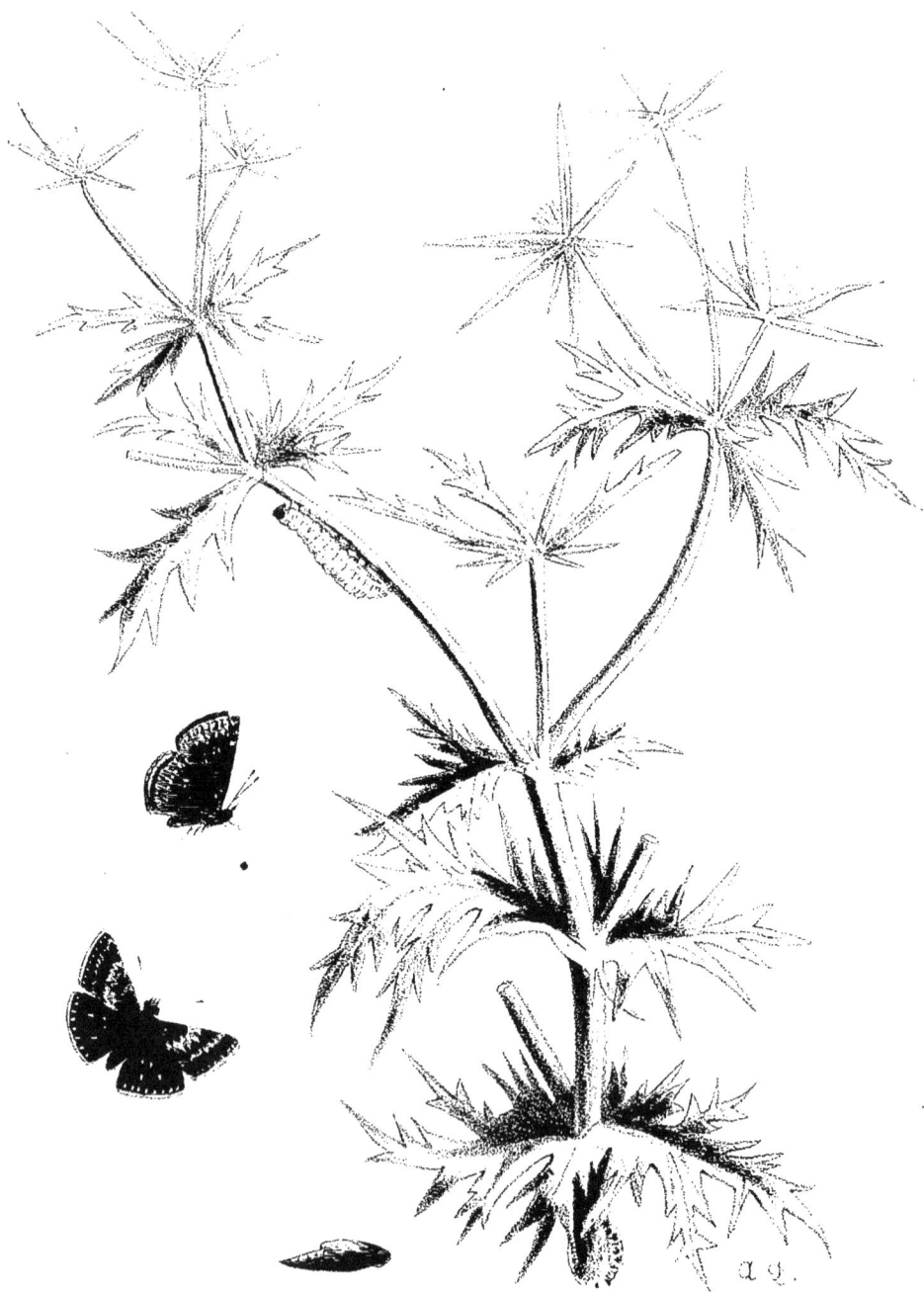

Nisoniade grisette
sur le Chardon rolland .

NISONIADE GRISETTE.

NISONIADES TAGES, West.

THE DINGY SKIPPER. — MANNSTREUFALTER.

Lin. S. N. x, p. 485; F. S. p. 286. — Hubn. Pap. pl. 91, f. 456-7, p. 70. — Esp.
Schm. I, pl. 23, f. 3. p. 306. — Ochsenh. Schm. Eur. I, 2, p. 214. — God. et Dup.,
Icon. d. chen. I, p 219. — Boisd. Ind. p 37, n° 310. — Frey. N Beitr., vi pl. 505,
p. 37. — Ann. de la Soc. ent. b., I, p 34. — Spey. Geogr. verb. I, p. 297. — Staud.
Cat. p. 34, n° 434.

Papilio tages, L. — Thymale tages, Step. — Hesperia tages. God. et Dup. —
Thanaos tages, Boisd. — Var. : Cervantes, Grasl. — Ab. : Unicolor, Frey.

Ce nisoniade habite toute l'Europe, à l'exception de la zone polaire; on le rencontre également dans l'Asie occidentale, sur les monts Altaï, en Chine et dans les provinces de l'Amour. Il paraît que le Muséum de Paris possède des individus de cette espèce provenant de Californie. La var. *Cervantes* est propre à l'Espagne.

La chenille se trouve en juin et en septembre sur le chardon rolland *(Eryngium campestre)* et le lotier *(Lotus corniculatus)*. Les chenilles de la première génération subissent toutes leurs transformations en six semaines; celles de la seconde, passent l'hiver engourdies sous quelque abri et ne se chrysalident qu'en avril.

L'insecte parfait est commun dans les clairières des bois et sur les collines arides, depuis le 20 avril jusqu'à la fin de mai; il reparaît une seconde fois en juillet et août.

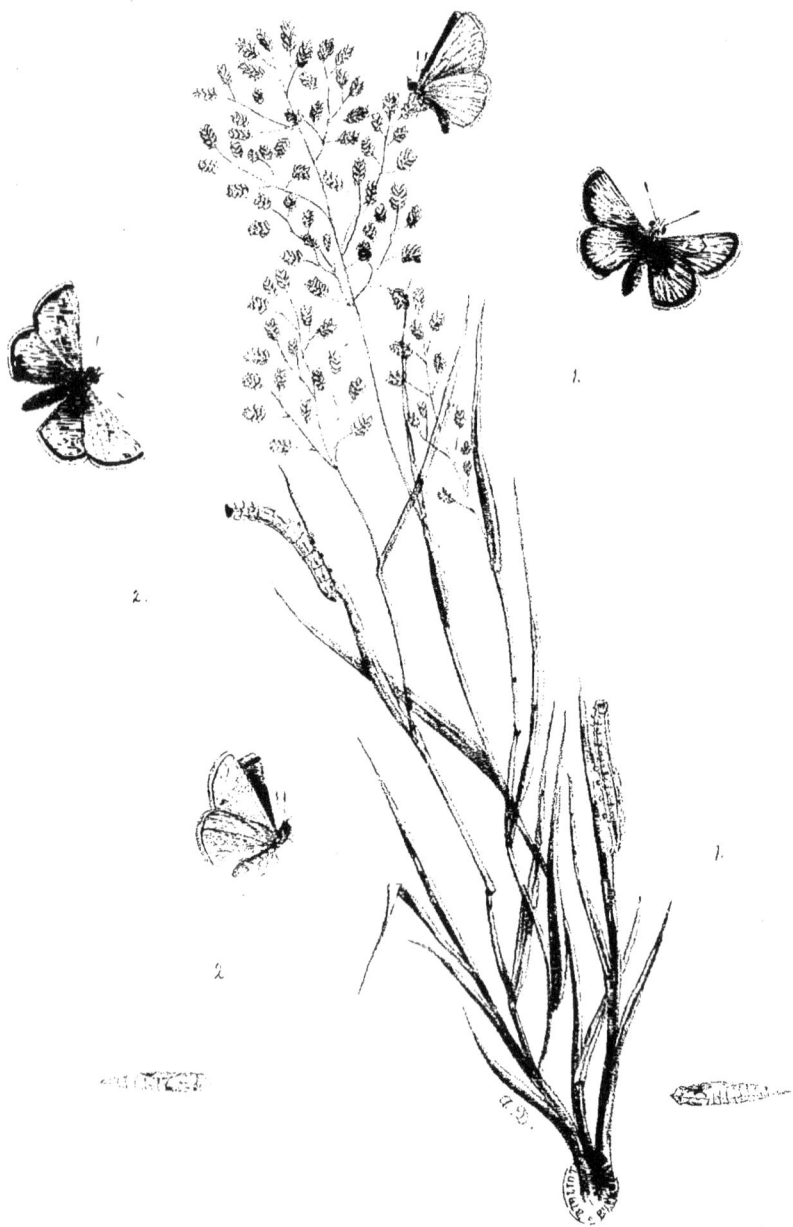

1. Hesperie bande noire. 2. H. linéolée,
sur le Paturin eragostris.

HESPÉRIE BANDE NOIRE.

HESPERIA LINEA, BOISD.

THE SMALL SKIPPER. — SCHMELENFALTER.

Hübn., Pap., pl. 96, f. 485-87, p. 72. — Esp., Schm. I, pl. 36, suppl. 12. f. 2. 3, p. 344. — Müll., Zool. Dan., p. 115. — Ochsenh., Schm. Eur. I, 2, p. 228. — Boisd., Ind. meth., p. 35, n° 281. — Steph., List Brit. Lep., p. 21. — Ann. de la Soc. ent. belge, I, p. 32. Spey., Geogr. verb. I, p. 288 — Staud., Cat. Lep.. p. 35, n° 439.

Papilio linea, Schiff. — P. flavus, Müll. — P. thaumas, Esp. — P. comma, Barb. — Pamphila linea, Steph. — Hesperia thaumas, Staud.

Habite presque toute l'Europe, la Syrie, l'Asie mineure et l'Algérie.
On trouve la chenille en mai et en juillet dans les prairies, les bois, les champs, etc., sur différentes graminées. Pour se métamorphoser, elle file une légère toile entre des feuilles, auxquelles elle s'attache par la queue et par un lien transversal. L'éclosion se fait au bout de trois semaines.

HESPÉRIE LINÉOLÉE.

HESPERIA LINEOLA, BOISD.

Scriba, Journ., III, p 244. — Hübn.. Pap., pl. 130, f. 660-63 — Ochsenh., Schm. Eur., I, 2, p. 230. — Boisd., Ind. meth , p. 35, n° 282. — Boisd. et Ramb., Icon. chen., pl. 1, f. 3, 4. — Ann. de la Soc. ent. belge, I, p. 32. — Spey., Geogr. verb., I, p. 288.

Papilio lineola, Ochs. — P. virgula, Hübn.

Habite la Suède, la Norwége, la Russie, l'Allemagne, la Hollande, la Belgique, la France et l'Italie ; rare en Algérie.
La chenille vit, à la fin de juin, dans les lieux secs et arides, sur des graminées. Les métamorphoses se font de la même manière que pour l'espèce précédente. L'insecte éclot au bout de quinze à vingt jours. Il est commun en juillet sur les céréales et dans les champs de trèfles.

1.Hespérie actéon
2.Hespérie sylvain
sur le Froment rampant.

HESPÉRIE ACTÉON.

HESPERIA ACTÆON, Esp.

THE LULWORTH SKIPPER. — OCKERFARBIGER FALTER.

Esp. Schm. I, pl. 36, f. 4 p. 343. — Hubn. Pap. pl. 96, f. 488-90, p. 73. — Ochsenh. Schm.
Eur. I, 2, p. 231. — Boisd. Ind. p. 35, n° 283. — Frey. Beitr. pl. 631, f. 3. — Step.
Cat. Br. lep. p. 20. — Ann. de la Soc. ent. B. I, p. 32. — Spey. Geogr. verb. I,
p. 287. — Staud. Cat. p. 35, n° 441.

Papilio actæon, Esp. — Pamphila act.æon, Step. — Hesperia act.æon, Boisd. —
H. acteon. Staud.

Habite toute l'Europe centrale et méridionale, à l'exception de la
Russie et de la Scandinavie ; on le rencontre également en Algérie, au
nord du Maroc, à l'île de Chypre, aux îles Canaries et en Asie mineure.
En Belgique ce papillon est commun, en juillet et au commencement
d'août, dans les prairies des montagnes et dans les broussailles des
environs de Bomal, Durbuy, Rochefort, Dinant, etc.

La chenille n'est pas encore connue.

HESPÉRIE SYLVAIN.

HESPERIA SYLVANUS, Esp.

THE LARGE SKIPPER. — ROSTFARBIGER FALTER

Esp. Schm. I. pl. 36. f. 1. p. 343. — Hub. Pap.. pl.95, f. 482-84, p. 72. — Ochsenh. Schm. Eur.
I. 2, p. 226. — Boisd. Ind. p. 35, n° 283. — Frey. Beitr. pl. 646. f. 2 et 696, f. 2. —
Step. Cat. Br. lep. p. 20. — Ann. de la Soc. ent. R. 1. p. 32. — Spey. Geogr. verb.
1, p. 286. — Staud. Cat. p. 35, n° 444.

Papilio sylvanus, Esp. — Pamphila sylvanus, Step. — Hesperia sylvanus, Boisd.

Cette espèce habite toute l'Europe (sauf la région polaire), l'Asie occidentale, les provinces de l'Amour et l'Amérique du Nord (Washington,
Californie). Elle est commune en Belgique dans les clairières des bois.

La chenille vit, suivant M. Freyer, sur le froment rampant *(Triticum
repens)* ; elle hiverne et opère ses métamorphoses à l'intérieur d'un
cocon vers la fin de mai. L'insecte parfait vole en juin.

La chenille et la chrysalide de notre planche sont faites d'après les
figures données par M. Freyer.

Hespérie de la Coronille
sur la Coronille bigarrée

HESPÉRIE DE LA CORONILLE.

HESPERIA COMMA, Lin.

THE PEARL SKIPPER. — PELTSCHENFALTER.

Lin. S. N. x, p. 484; F. S. p. 285. — Esp. Schm. I, pl. 23, f. 1, a. b. — Hubn. Pap. pl.
95. f. 480-81, p. 72. — Ochsenh. Schm. Eur. 1, 2, p. 224. — Boisd. Ind. p. 35, n° 284. —
Steph. Cat. Brit. lep. p. 21. — Frey. Beitr. pl. 646, f. 1. — Ann. de la Soc. ent.
B. I, p. 31. — Spey. Geogr. verb. I; p. 286. — Staud. Cat. p. 35, n° 445.

Papilio comma, L. — Pamphila comma, Step. - Hesperia comma, Boisd. — *Var.* :
Catena, Staud.

Cette hespérie habite toute l'Europe, l'Asie occidentale et l'Amérique
du Nord, où elle a été observée au Canada, en Californie et au nord des
Etats-Unis. La var. *Catena* est propre à la Laponie.

On trouve la chenille en mai et au commencement de juillet sur la
coronille (*Coronilla varia*), l'hippocrépide (*Hippocrepis comosa*) et sur
diverses graminées. Elle est peu connue et difficile à trouver, aussi
avons-nous été obligé de reproduire le dessin donné par M. Freyer
dans ses *Neuere Beiträge*.

L'insecte parfait vole en juin et en août dans les clairières des bois
et dans les bruyères ; il est surtout commun sur les rochers de la rive
droite de la Meuse et en Campine.

Cyclopide de Morphée
sur le Paturin bulbeux.

CYCLOPIDE DE MORPHÉE.

CYCLOPIDES MORPHEUS, Pall.

SPIEGELFLECKIGER FALTER.

Pall. Reise, I, p. 471. — Schiff. S. V. p. 160. — Fab. Gen. p. 271. — Esp. Schm. I, pl. 41, f. 1, p. 361. — Hub. Pap. pl. 94, f. 473-74, p. 71. — Schrk. Fn. B. II, 1, p. 161. — Ochsenh. Schm. Eur. I, 2, p. 217. — Boisd. Ind. p. 34, n° 279 et Icon. chen. pl. — Spey. Geogr. Verb. 1, p. 285. — Ann. de la Soc. ent. B. XIII, p. XXVII. — Staud. Cat. p. 35, n° 452. — Quaedv. Pap. diur. p. 69.

Papilio morpheus, Pall. (1771). — P. steropes, Schiff. (1776). — P. aracynthus, Fab. (1777). — Erynnis speculum. Schrk. — Hesperia aracynthus, Boisd. — H. steropes, Spey. — Steropes aracynthus, Boisd. — Cyclopides morpheus, Staud.

Cette espèce est répandue dans toute l'Europe centrale, sauf en Danemark et en Grande-Bretagne ; ses limites géographiques sur notre continent sont : au Nord la Livonie, au Sud le Pô et les côtes septentrionales de la mer Noire, à l'Ouest Paris et à l'Est l'Altaï. On la rencontre également en Arménie, en Sibérie et dans les provinces de l'Amour.

C'est une espèce nouvelle pour la Belgique, dont M. Frein-Tombelle a pris mâle et femelle dans les environs de Neufchâteau (Luxembourg belge).

On trouve la chenille dans les bois, sur diverses graminées, vers la fin de mai et dans la première quinzaine de juin. Pour se métamorphoser, elle réunit plusieurs feuilles à l'aide de quelques fils de soie, et forme une espèce de réseau qui sert d'enveloppe à la chrysalide.

L'insecte parfait éclôt à la fin de juin ou au commencement de juillet ; il est assez commun dans plusieurs localités des environs de Paris.

La chenille étant encore inconnue en Belgique, nous sommes obligé de reproduire celle figurée dans l'Iconographie de MM. Boisduval et Rambur.

Cartérocéphale échiquier
sur le Plantain à grandes feuilles.

CARTÉROCÉPHALE ÉCHIQUIER.

CARTEROCEPHALUS PALAEMON, STAUD.

THE CHEQUERED SKIPPER. — GROSSWEGERICHFALTER.

Pall., REISE I, p. 471. — Fab., SYST. ENT. p. 531. — Hub., PAP. pl. 94, f. 475-76. — Esp., SCHM. I, pl. 28, f. 2 ; pl. 95, f. 5 (ab.). — Ochsenh., SCHM. EUR. I, 2, p. 219. — God. et Dup., ICON. I, p. 215. — Boisd. IND. p. 34, n° 280. — Steph., CAT. BRIT. LEP. p. 20. — ANN. DE LA SOC. ENT. BELGE, I, p. 31. — Spey. GEOGR. VERB. I, p. 283. — Staud. CAT. p. 35, n° 454.

PAPILIO PALAEMON, Pall (1771). — P. PANISCUS, Fab. (1775). — P. BRONTES, Hub. — HESPERIA PANISCUS, God. et Dup. — STEROPES PANISCUS, Boisd. — PAMPHILA PANISCUS et CYCLOPIDES PANISCUS, Steph.

Cette espèce a pour limites géographiques : au Nord la Finlande, au Sud le Piémont, à l'Ouest l'Angleterre et à l'Est le Caucase et l'Altaï. Suivant M. Staudinger, elle habiterait également l'Arménie, la Sibérie et les provinces de l'Amour. On ne l'a pas observée en Scandinavie, en Danemark, en Hollande et au nord de l'Allemagne. Ce papillon est assez commun, en Belgique, près des ruisseaux dans les gorges des montagnes boisées de la rive gauche de la Meuse ; on le rencontre également dans les clairières des bois humides de la Campine, et dans plusieurs autres localités. Il est également commun dans les forêts du nord de la France.

La chenille vit sur le plantain (*Plantago major*). Elle passe l'hiver engourdie et se transforme en chrysalide dans le courant d'avril.

L'insecte parfait vole depuis le mois de mai jusqu'à la seconde quinzaine de juin.

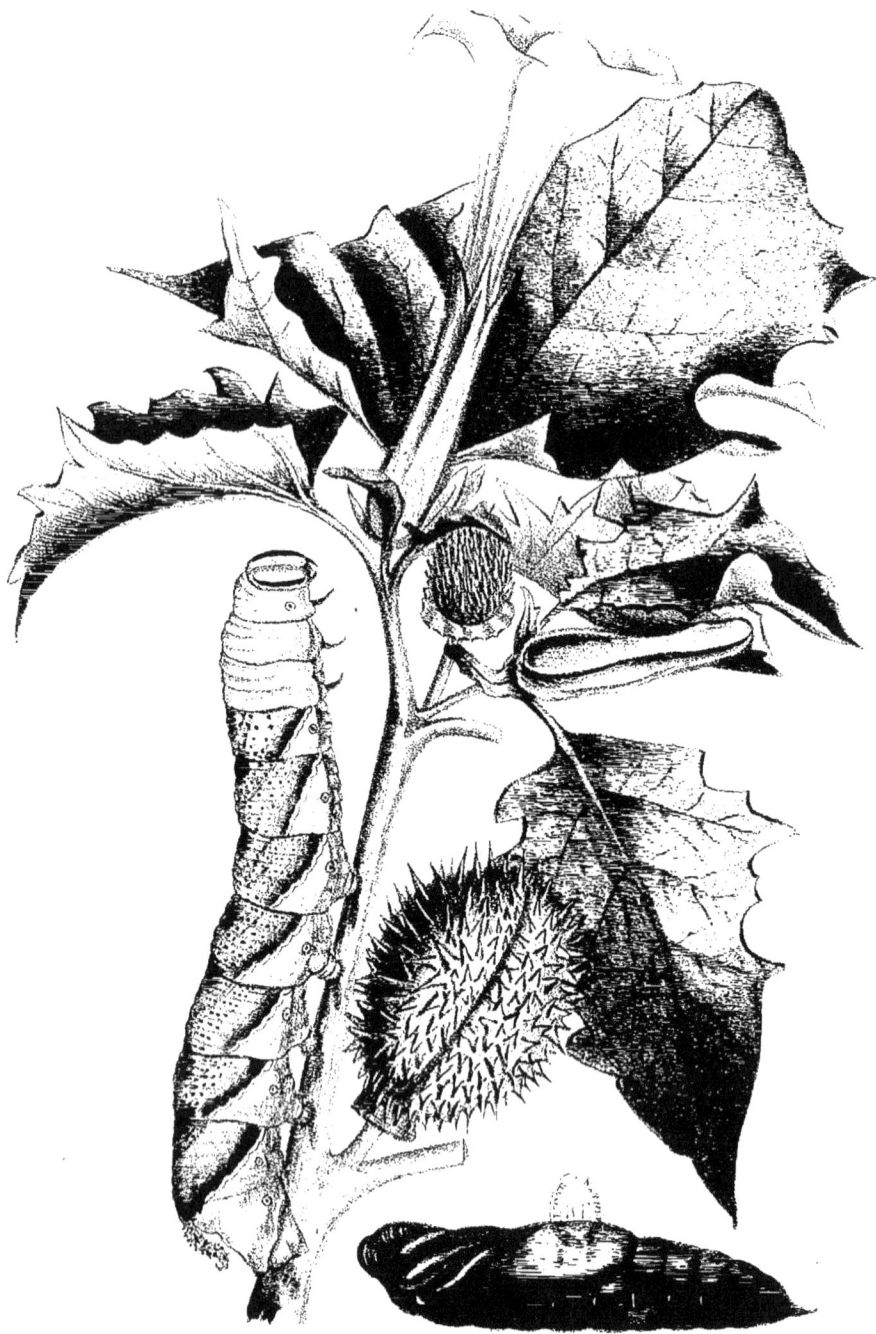

Achéronte tête de mort,
sur la Stramoine.

Achéronte tête de mort,

ACHÉRONTE TÊTE DE MORT.

ACHERONTIA ATROPOS, cur.

THE DEATHS' HEAD. — TODTENKOPF SCHWÄRMER.

Ochsenh. t. II, p. 231. — Esp. t. II, pl. VII. — Spey. t. I, p. 323. — Boisd. p. 49, n° 395.
— Sphinx atropos, Lin.

Ce beau sphingide est rare dans la plupart des contrées du centre et du midi de l'Europe; on le trouve, pendant certaines années, en nombre plus ou moins considérable, en Hollande, en Belgique, en Grande-Bretagne, en Allemagne, en France et en Italie. Il habite aussi l'Asie mineure, la Syrie, le Java, le Mexique et une grande partie de l'Afrique.

La chenille vit, depuis le commencement de l'été jusqu'en automne, sur l'amphipyre (*Amphipyra cinnamomea*), la philadelphine (*Philadelpheæ philadelphus*), le lyciet de Barbarie (*Lycium barbarum*), la stramoine (*Datura stramonium*) et le jasmin (*Jasminum officinale*); les feuilles de la pomme de terre (*Solanum tuberosum*) forment cependant sa nourriture favorite. C'est, comme on le sait, par l'introduction de cette plante alimentaire que l'achéronte tête de mort est parvenu jusqu'en Europe; avant le siècle dernier ce lépidoptère était inconnu sur notre continent.

Pendant les grandes chaleurs du jour, la chenille se cache généralement dans la terre. On peut facilement constater sa présence par la quantité d'excréments qui se trouvent au pied de la plante rongée; il suffit alors de venir la chercher avec une lanterne à l'approche de la nuit, pendant qu'elle est occupée à dévorer les feuilles; sa forte taille la fait bientôt découvrir. Cette chenille est de couleur très-variable: on en trouve aussi bien de brunes que de vertes. Sa transformation a lieu dans le sol, à l'intérieur d'un léger tissu formé en grande partie de terre. L'achéronte se montre parfois déjà au bout de trois semaines, mais il ne sort le plus souvent de sa chrysalide qu'au mois de juin de l'année suivante.

Ce lépidoptère fait entendre un certain cri strident quand on le touche un peu rudement.

Sphinx du liseron
sur le Liseron des champs.

SPHINX DU LISERON.

SPHINX CONVOLVULI, LIN.

CONVOLVULUS HAWK MOTH. — WINDENSCHWÄRMER.

Hübn, tab. IV, p. 98. — Treit. Eur. Schm. u. Spin., IIe Theil, tab. 11, p. 83. — Sepp, Nederl. Ins., III, pl. XLIX et L, p. 165.— Ochsenh., Die Schm. v. Eur., t. II, p. 236. — Boisd., p. 48, n° 394. — Spey., Geogr. verb , t. I, p. 322.

C'est un des sphingides les plus répandus de l'Europe : on l'observe en Algérie, en Nubie, en Abyssinie, au Cap de Bonne-Espérance, au Java, sur les côtes de Coromandel et en Australie, mais les individus provenant de ce dernier pays sont beaucoup plus petits que ceux qu'on voit en Europe. Il n'est pas rare non plus au Caucase et dans l'Amérique du Nord ; en un mot, c'est une espèce qu'on rencontre dans les cinq parties du monde. En Europe on ne la voit guère au delà de l'Écosse et de Saint-Pétersbourg, mais elle est assez commune dans toutes les contrées du centre et du midi, et l'on peut même dire qu'elle est très-abondante dans certaines localités.

On trouve la chenille depuis la mi-juillet jusqu'en septembre sur le liseron des champs (*Convolvulus arvensis*), mais elle se tient généralement cachée à terre sous les feuilles. La chrysalidation a lieu en terre et à l'intérieur d'une coque formée de matières terreuses agglutinées.

Le sphinx prend son essor au bout de quatre semaines (fin septembre et octobre), ou bien en mai et juin de l'année suivante. Il voltige volontiers au crépuscule sur le *Mirabilis jalappa,* les *Petunia,* les *Phlox,* et en général sur les plantes à fleurs profondes dans lesquelles sa longue trompe pénètre avec facilité.

Sphinx du Troëne,

sur le troëne.

Sphinx du pin

sur le Pin sylvestre.

SPHINX DU PIN.

SPHINX PINASTRI, lin.

PINE HAWK MOTH. — FICHTEN-SCHWÄRMER.

Ochsenh., t. II, p. 243. — Esper, t. II, pl. XII. — Speyer, Geogr. Verb., t. I, p. 321.
— Boisd., p. 48, n° 382.

On rencontre ce sphinx dans toutes les parties de l'Europe où croissent des pins; particulièrement en Laponie, en Suède, en Norwége, en Russie, en Allemagne, en Grande-Bretagne, en Hollande et en Belgique.

Ce lépidoptère fait ses évolutions vers le crépuscule, en mai et en juin; durant le jour il se tient contre les branches et les troncs de pin.

Huit jours après que la femelle a déposé ses œufs, les petites chenilles en sortent et se tiennent ordinairement ensemble pendant les premiers jours; elles vont de préférence sur le pin sylvestre (*Pinus sylvestris*), mais on les trouve aussi sur le sapin (*P. abies*), ainsi que sur le pin de lord Weymouth (*P. strobus*). Lorsque ces chenilles sont en grand nombre, elles causent quelques dégâts aux conifères. On trouve généralement ces belles chenilles, de juin jusqu'en août; nous en avons même observé plusieurs vers la fin de septembre, dans un petit bois de pins, près de la station de Boitsfort.

Dès que la chenille de ce sphinx a atteint son développement normal, elle descend de l'arbre sur lequel elle a vécu jusqu'alors et entre dans la terre, au pied de ce dernier. Elle se fait, à quelques centimètres de profondeur, une enveloppe formée en grande partie de terre, dans laquelle se trouve la chrysalide. Le papillon en sort vers la fin d'avril ou de mai du printemps suivant; quelquefois aussi seulement après la deuxième année.

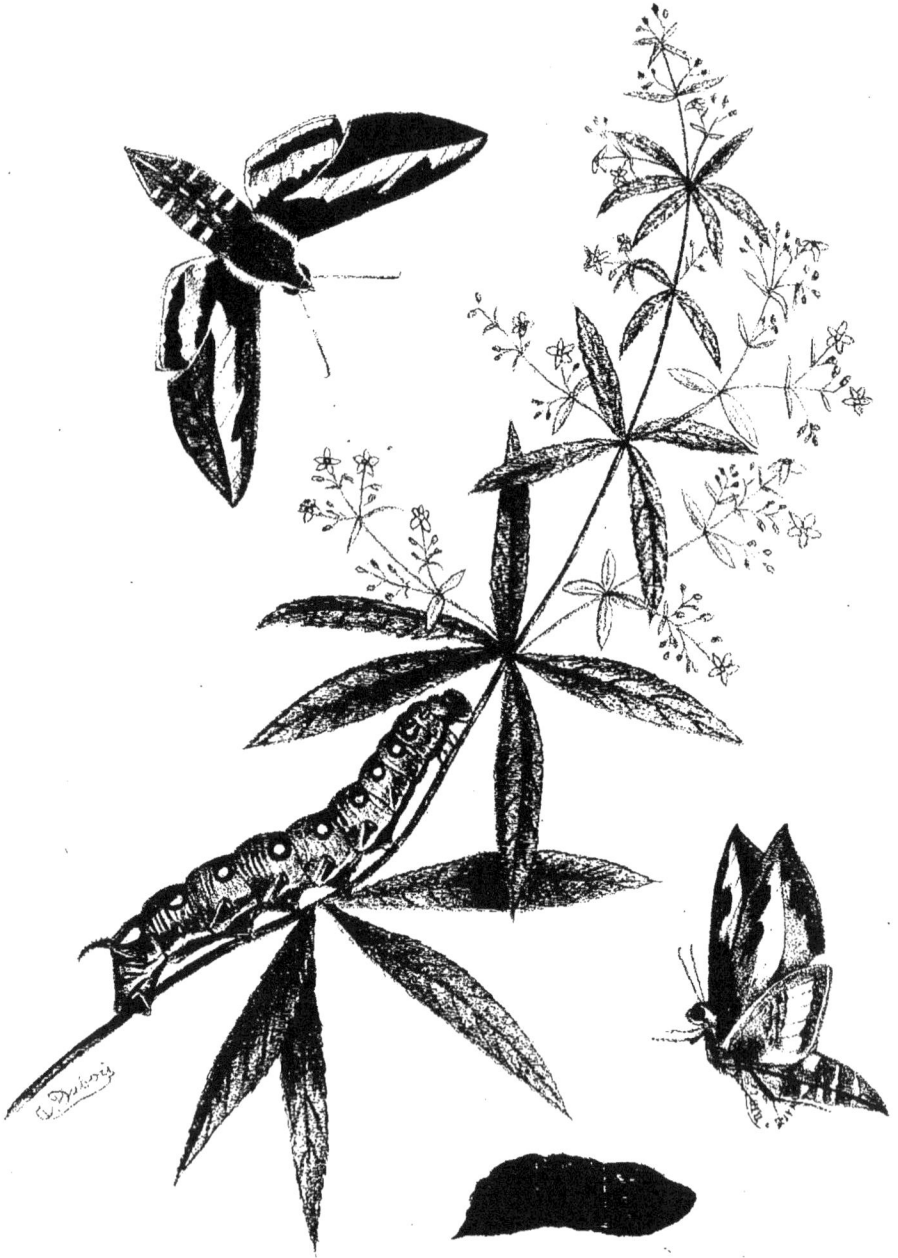

Sphinx de la Garance,
sur la Garance.

SPHINX DE LA GARANCE.

SPHINX GALII, FABR.

THE STRIPED HAWK MOTH. — WALDSTROHSCHWÄRMER.

Hübn., SPHING. tab. 12, p. 64. — Esp. SCHM., II Theil, tab. XXI, suppl. III, p. 173. — Ochsenh., DIE SCHMET. V. EUR., t II, p. 217. — Boisd., p. 47, n° 384. — Sepp, NEDERL. INS. t. IV, pl. XIV, p. 43. — Spey., GEOGR. VERB., t. I, p. 319.

DEILEPHILA GALII, Step.

Ce lépidoptère habite l'ouest de l'Asie, les monts Altaï, les îles Ca-·naries et toute l'Europe, sauf l'extrême nord. On le trouve au sud de la Suède, de la Norwége, sur l'île de Seelande, en Livonie, en Russie, ei Allemagne, en Grande-Bretagne, en Hollande, en France et en Italie. En Belgique, on l'observe dans les différentes parties du pays, mais il y est généralement rare.

La chenille, qu'on ne trouve que très-rarement chez nous, vit depuis juillet jusqu'en septembre sur les gaillets jaune et mollugine (*Galium verum* et *mollugo*), la garance (*Rubia tinctorum*), l'épilobe hérissé (*Epilobium hirsutum*) et l'euphorbe cyprès (*Euphorbia cyparissias*).

L'insecte parfait se montre parfois trois semaines après la chrysalidation, c'est-à-dire à la fin de septembre, mais le plus souvent il ne prend son essor qu'en mai ou en juin de l'année suivante.

Sphinx de l'euphorbe.

sur l'Euphorbe de Gérard.

SPHINX DE L'EUPHORBE.

SPHINX EUPHORBIÆ, LINNÉ.

SPOTTED ELEPHANT HAWK-MOTH. — WOLFSMILCH-SCHWÄRMER.

Ochsenh., t. II, p. 223. — Esper, t. II, pl. XI. — Speyer, GEOGR. VERB., t. I, p. 318. — Boisd., p. 47, n° 382. — DEILEPHILA EUPHORBIÆ, Cuv.

Ce beau sphinx habite le nord de l'Afrique, la Sibérie, la Russie, la Grande-Bretagne, l'Allemagne, la Hollande, la Belgique, la France et l'Italie.

On le rencontre généralement dans les localités où se trouvent des euphorbes ; il est même commun dans certaines localités où croît l'euphorbe de Gérard (*Euphorbia Gerardiana*). En Belgique il est rare, et ne se voit guère que dans la province de Namur, où l'on trouve la chenille de cette espèce, depuis le mois de juillet jusqu'en octobre, sur l'euphorbe cyprès (*Euphorbia cyparissias*), l'euphorbe ésule (*E. esula*), l'euphorbe péplus (*E. peplus*) qui croît dans les jardins à l'état sauvage, parmi les mauvaises herbes.

Dans son premier âge, la chenille est jaune avec des ombres plus foncées. A l'époque de la chrysalidation, elle s'enterre pour opérer sa métamorphose, ou bien encore elle se place entre des feuilles mortes, dans un léger tissu ; il arrive souvent alors que le papillon sort de la chrysalide au bout de quatre semaines, mais on ne le voit généralement apparaître qu'au mois de mai ou de juin de l'année suivante et quelquefois même au bout de la deuxième année.

Ce papillon fait le plus ordinairement ses évolutions aériennes au crépuscule, et c'est aussi alors que la femelle dépose ses œufs sur les plantes nourricières ; ceux-ci éclosent au bout d'une quinzaine de jours.

Sphinx Livournien.
sur le Gaillet jaune.

SPHINX LIVOURNIEN.

SPHINX LIVORNICA, Esp.

FRAUENSTROHSCHWÄRMER.

Fab., E. S., III, 1. p. 369. — Hübn., Sphing., pl. 12, f. 65 et pl. 23. f. 112, p. 96. — Fuessl, Arch. heft 6, pl. 33. — Esp., Schm. II, pl. 8, f. 4, p. 87 et 196, pl. 46, cont. 21, f. 3-7, p. 41. — Borkh., Eur. Schm. II, p. 83 et 141. — Ochsenh., Schm. Eur. II, p. 214. — Boisd., Ramb., Icon. chen., pl. 11, f. 2. — Ann. de la soc. ent. belge, I, p. 39. — Koch, Geogr. verb., p. 77. — Spey., Geogr. verb. I, p. 320. — Staud., Cat. Lep., p. 37, n° 471.

Sphinx lineata, Fab., — S. Koechlini, Fuessl. — Deilephila lineata, Steph. — D. livornica, Staud.

Ce beau sphingide habite les côtes de la mer Caspienne, la Circassie, l'Asie mineure, la Turquie, l'Autriche, l'Italie, l'Espagne, le Portugal, la Grande-Bretagne, la France, la Suisse, l'Allemagne méridionale, les îles Canaries, et probablement toute l'Afrique, car on l'observe aussi bien en Algérie qu'au Cap de Bonne-Espérance. En Belgique, il n'est réellement pas indigène, mais il a été pris plusieurs fois dans notre pays, particulièrement dans les environs de Bruxelles et de Huy.

La chenille vit en juin et juillet sur les gaillets (*Galium mollugo* et *verum*) et sur la vigne. Les métamorphoses ont lieu entre des feuilles, mais sur le sol, parfois simplement sous une légère couche de terre.

L'insecte parfait vole en septembre ou en mai de l'année suivante.

Sphinx des vignobles,
sur la Vigne.

SPHINX DES VIGNOBLES.

SPHINX CELERIO, LIN.

SILVER-STRIPED HAWK MOTH. — WEINSTOCK SCHWÄRMER.

Ochsenh., t. II, p. 205. — Esp., t. II. pl. VIII. — Spey., GEOGR. VERB., t. 1, p. 316. — Boisd., p. 47, n° 379. — Frey., NEUER. BEITR., t. VI, p. 62. — CHAEROCAMPA CELERIO, West. — DEILEPHILA PARCELLUS, Step. — SPHINX INQUILINUS, Haw.

Ce sphinx se tient de préférence dans les vignobles. Il ne se montre chez nous que pendant les étés très-chauds, et encore n'est-ce qu'en nombre si restreint, qu'on doit le considérer comme une espèce rare. Si l'hiver a été bien rigoureux, on peut être certain de ne le revoir qu'au bout de plusieurs années.

La chenille de ce sphinx vit sur la vigne (*Vitis vinifera*) et sur la vigne vierge (*Ampelopsis hederacea*); selon M. Freyer, elle se tiendrait aussi sur la carotte (*Daucus carota*). Elle se métamorphose en septembre, mais l'insecte parfait n'éclot qu'en mai ou en juin de l'année suivante. On le voit quelquefois, vers cette époque, voltiger autour des fleurs.

Sphinx de la vigne
sur la Salicaire.

SPHINX DE LA VIGNE.

SPHINX ELPENOR, LINNÉ.

ELEPHANT HAWH-MOTH. — WEIDERICH-SCHWÄRMER.

Ochsenh., t. II, p. 209. — Esper, t. II, pl. IX. — Boisd., p. 46, n° 375. — CHOEROCAMPA ELPENOR, West. — DEILEPHILA ELPENOR, Step.

Ce sphinx est répandu dans presque toute l'Europe et dans une grande partie de l'Asie, où on le rencontre principalement en Chine et au Japon; en Europe on le voit particulièrement en Suède, en Norwége, en Russie, en Turquie, en Allemagne, en Belgique, en Hollande, en Grande-Bretagne, en France et en Italie. Il se tient aussi volontiers dans les plaines que sur les hauteurs.

Le papillon femelle pond ses œufs, d'un vert bleuâtre, vers la fin de juin ; les petites chenilles en sortent au bout d'une couple de semaines, et on les trouve alors sur la vigne (*Vitis vinifera*), les épilobes en épi et hérissé (*Epilobium spicatum* et *hirsutum*), la salicaire (*Lythrum salicaria*) les gaillets mollugine et jaune (*Galium mollugo* et *verum*). Ces chenilles sont au commencement d'un beau vert, mais après quelques changements de peau elles deviennent d'un brun tantôt clair, tantôt foncé, ou bien d'un noir olivâtre. Vers les mois de juillet ou d'août elles se construisent sur le sol, entre des feuilles mortes et de la terre, un léger tissu qui contient la chrysalide. Le papillon parfait en sort l'année suivante; il voltige souvent vers le soir sur les fleurs du chèvrefeuille et de la saponaire.

Sphinx pourceau,

sur l'Epilobe hérissé.

SPHINX POURCEAU.

SPHINX PORCELLUS, LIN.

SMALL MOTH. — KLEINE WEINSCHWÄRMER.

Ochsenh., t. II, p. 211. — Esp., t. II. pl. X. — Speyer, GEOGR. VERB., t. I, p. 315. — Boisd., p. 46, nᵒ 371. — CHŒROCAMPA PORCELLUS, West. — DEILEPHILA PORCELLUS, Step.

Ce sphinx habite l'Asie Mineure. la Russie, la Laponie, la Suède, la Norwége, la Grande-Bretagne; il est rare dans plusieurs contrées de l'Allemagne, en Hollande, en Belgique, en France et en Italie, mais il se trouve localisé dans les différents pays.

Il fait ses évolutions en mai et en juin, ordinairement vers le crépuscule, pour aller voltiger sur les fleurs et de préférence sur la saponaire officinale (*Saponaria officinalis*).

On trouve la chenille de juin jusqu'en août sur la vigne (*Vitis vinifera*), sur l'épilobe en épi (*Epilobium spicatum*), sur l'épilobe hérissé (*E. hirsutum*), sur le gaillet jaune (*Galium verum*), sur le gaillet grateron (*G. aparine*), sur le gaillet mollugine (*G. mollugo*), ainsi que sur les feuilles des balsamines. Cette chenille, qui ressemble beaucoup à celle du *Sphinx elpenor*, est plus petite et n'a pas de pointe caudale, mais simplement un petit tubercule qui la remplace. Elle est aussi très variable de couleur, mais le plus souvent elle a une teinte noirâtre; celles de couleur verdâtre sont les plus rares. Cette chenille se chrysalide en juillet et en août, parfois aussi en septembre; sa transformation a lieu sous terre. Le sphinx quitte sa chrysalide en mai de l'année suivante.

Sphinx de l'Oléandre

Sur l'Oléandre.

SPHINX DE L'OLÉANDRE.

SPHINX NERII, LIN.

OLEANDER HAWK-MOTH. — OLEANDER SCHWÄRMER.

Ochs., t. II, p. 201. — Esp., t. II, pl. IV. — Spey., GEOGR. VERB., t. I, p. 347. — Boisd., p. 16, n° 580.

Ce sphinx, qui peut être considéré comme le plus beau du genre, habite la partie orientale de l'Inde, l'Afrique tropicale et le midi de l'Europe. Pendant les étés bien chauds, quelques individus viennent accidentellement vers les contrées du centre de ce dernier continent, puis l'espèce disparaît de nouveau de ces pays pour bien des années. C'est ainsi que ce sphinx a été pris isolément en Belgique, en Hollande, en Allemagne et parfois même en Grande-Bretagne; dans le midi de la France, il se montre parfois en grande quantité.

La femelle dépose un nombre d'œufs assez considérable sur la plante nourricière des chenilles, qui est généralement cultivée dans beaucoup de jardins; mais malheureusement l'hiver détruit presque toujours toute la nichée, ce qui rend l'acclimatation de cette espèce impossible dans nos contrées. Ces chenilles vivent sur l'oléandre (*Nerium oleander*); leur couleur varie du vert clair au vert bleuâtre, quelquefois elles prennent même une teinte rougeâtre ou brunâtre. Les taches en forme d'yeux qui se trouvent sur le cou, se conservent pendant tous les changements de peau. Vers l'époque de la métamorphose, cette chenille devient très-remuante, et finit par perdre ses belles couleurs tout en se revêtant d'une matière plus ou moins visqueuse. C'est alors le moment où elle se cache sous un peu de mousse et de terre pour se transformer en chrysalide. La peau de cette dernière est transparente et permet facilement d'observer le développement de l'insecte parfait, qui n'est complet que vers l'été suivant. Ce sphinx fait alors ses ébats en juin et en août, sans s'inquiéter du vent et des ouragans, et il fait ainsi quelques centaines de lieues en suivant le cours de l'élément.

La chenille que nous figurons sur la planche ci-contre, a été trouvée par nous en 1862, près de Bieberich sur le Rhin, dans le parc de S. A. le duc de Nassau; malgré toutes nos recherches, nous n'avons pu trouver qu'un seul exemplaire.

Smérinthe du Tilleul.

SMÉRINTHE DU TILLEUL.

SMERINTHUS TILIÆ, STEPHENS.

LIME WAWK MOTH. — LINDEN-SCHNURRER.

Ochsenh., t. II, p. 246.—Esper, t. II, pl. III, fig. 1.—Sphinx tiliæ, Linné.—Sph. ulmi, Schunc. — Sph. engram, Hüb. var.

Ce smérinthe se trouve dans une grande partie de l'Europe et dans les contrées avoisinantes de l'Asie. On le voit au sud de la Suède, de la Norvége, de la Livonie et de la Russie, ainsi qu'en Allemagne, en Grande-Bretagne, en Belgique, en France et en Italie.

Dans certaines localités, ce papillon est commun, tandis que dans d'autres il est plus rare, ce qui provient quelquefois de certaines causes toutes fortuites (1). Ce papillon se tient aussi bien dans les plaines que dans les régions montagneuses et même à une assez grande hauteur. La femelle dépose ses œufs verdâtres au mois de juin, principalement sur les feuilles du sommet des arbres, et les petites chenilles en sortent trois semaines après la ponte. On trouve les chenilles, depuis le mois de juillet jusqu'en septembre, sur le tilleul (*Tilia europœa*), le saule blanc (*Salix alba*), l'orme (*Ulmus campestris*), le hêtre (*Fagus sylvatica*), le châtaignier (*Castanea vesca*), le bouleau blanc (*Betula alba*), le chêne (*Quercus robur*), l'aulne (*Alnus glutinosa*), et quelquefois aussi sur les arbres fruitiers. La chenille porte sous la corne caudale une plaque entourée de petites granulosités ; sa couleur verte devient bleuâtre avant sa métamorphose et la partie ventrale d'une couleur carnée. Elle se chrysalide sous terre, et principalement au pied des arbres sur lesquels elle vit ; si l'on voit de ces chenilles sur un arbre, on peut être certain d'y trouver des chrysalides au pied vers le printemps. Pour conserver ces chrysalides pendant l'hiver, il est nécessaire de maintenir la terre, dans laquelle elles se trouvent, dans une humidité constante mais légère. Au mois de mai, le papillon parfait abandonne sa chrysalide ; mais en captivité cela arrive quelquefois en janvier. Tout le monde connaît la variation de ses couleurs, car il est rare de voir deux exemplaires de ce smérinthe entièrement semblables.

---

(1) Pendant l'année 1859, les ichneumons ont fait une telle destruction, dans notre pays, parmi les chenilles, qu'on avait de la peine d'en trouver une qui n'était pas attaquée par ces animaux. Plusieurs amateurs s'en plaignaient amèrement, et à moi-même, il est arrivé plus d'une fois, après avoir battu les champs et les bois pendant une journée entière, de n'avoir trouvé que quelques chenilles qui n'étaient pas attaquées par ces insectes.

Smérinthe demi-paon,

sur le saule des vanniers.

GENRE SMÉRINTHE. — SMERINTHUS, Latr.

SMÉRINTHE DEMI-PAON.

SMERINTHUS OCELLATUS, Step.

EYED HAWK-MOTH. — PFAUENAUG-SCHWÄRMER.

Ochs. t II, p. 249. — Esp. II, pl. 1. — Boisd. p. 49, n° 397. — SPHINX OCELLATA, Lin —
SPH. SEMISSAVO, Retz. — SPH. SALICIS, Hüb. — SMERINTHUS OCELLATA, Treits —
— SM. HYBRIDUS, Step. var.

Ce smérinthe habite la Sibérie et toute l'Europe, jusqu'au haut des montagnes. On le rencontre principalement en Russie, en Laponie, en Suède, en Norwége, en Allemagne, en Hollande, en Belgique, en Grande-Bretagne, en France et en Sardaigne.

Le papillon femelle dépose ses œufs, de couleur verdâtre, sur les feuilles des plantes qui doivent servir de nourriture aux petites chenilles. Depuis le mois de juillet jusqu'en septembre on trouve ces chenilles, dont la peau a un aspect chagriné, sur les saules : blanc (*Salix alba*), marceau (*S. capræa*), à oreillettes (*S. aurita*), rampant (*S. repens*), lancéolé (*S. lanceolata*), des vanniers (*S. viminalis*), pourpre vulg. osier (*S. purpurea*), pleureur (*S. babylonica*), amandier (*S. amygdalina*) et sur plusieurs autres espèces du même genre, ainsi que sur les peupliers : tremble (*Populus tremula*), noir (*P. nigra*), d'Italie (*P. fastigiata*), le prunellier (*Prunus spinosa*), et le pommier (*Malus communis*).

Leur métamorphose a lieu en automne, sous terre, sans aucune enveloppe protectrice; la chrysalide est d'un rouge brun ou noirâtre. Le papillon se développe au bout de quatre semaines pour les chenilles qui se sont chrysalidées de bonne heure, autrement ce n'est qu'en mai ou juin de l'année suivante que cela a lieu.

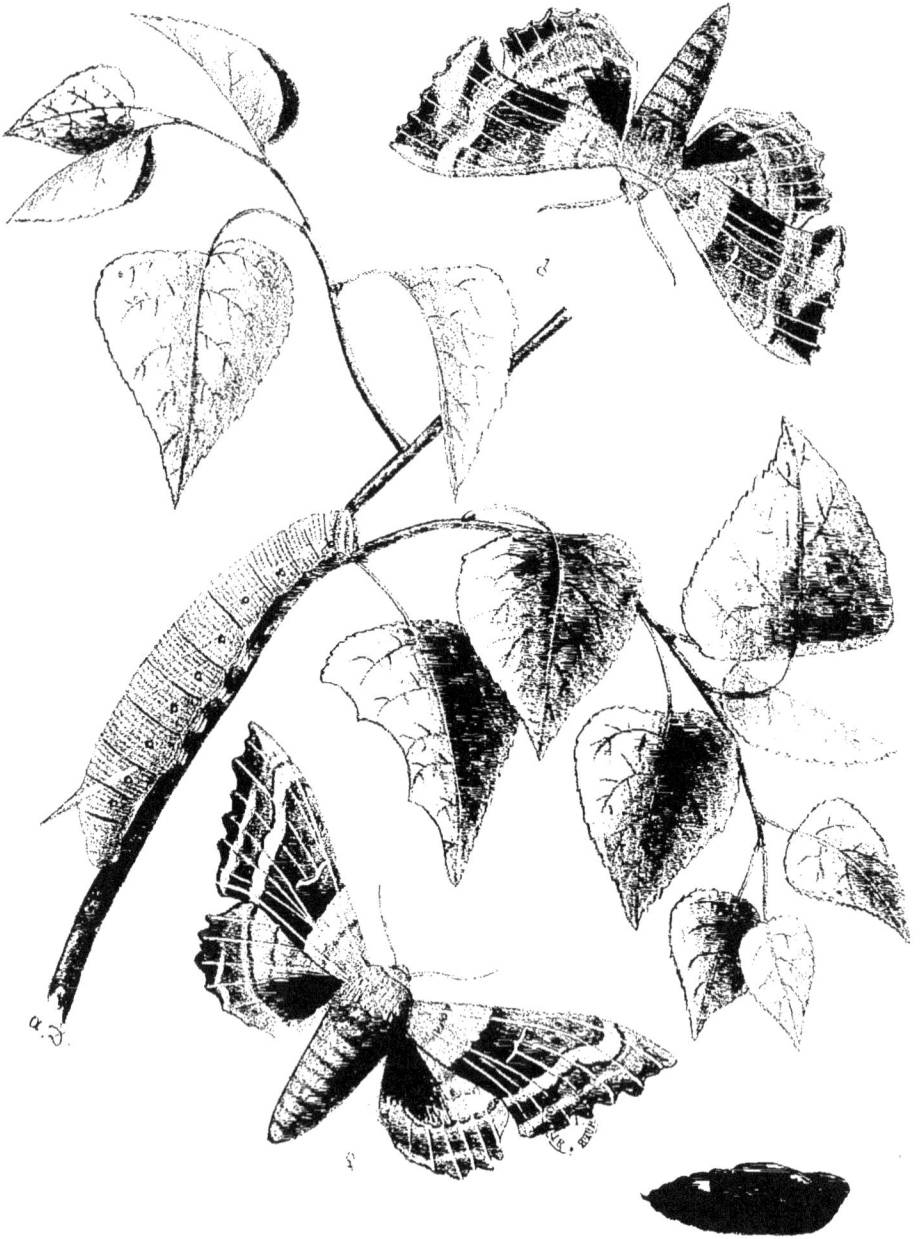

Smérinthe du Peuplier.

SMÉRINTHE DU PEUPLIER.

SMERINTHUS POPULI, STEPHENS

POPLAR HAWK MOTH. — PAPPEL SCHNURRER.

Ochsenheimer, t. II, p. 252. — Esper, t. II, pl. 2. — Boisduval, p. 49. — Sphinx populi, Linné. — P. ichnusa, Bonelli, var.

Cette espèce est répandue dans une grande partie de l'Europe et de la Sibérie. On la rencontre en Russie, en Suède, en Norwége, en Allemagne, en Hollande, en Grande-Bretagne, en Belgique, en France et en Italie.

Ce smérinthe abandonne la chrysalide, dans laquelle il a hiverné, au commencement de mai ou de juin; on le voit alors ordinairement sur le tronc des peupliers, tels que le peuplier noir (*Populus nigra*), le peuplier tremble (*P. tremula*) et le peuplier d'Italie (*P. fastigiata*), ainsi que sur le bouleau (*Betula alba*), sur le saule cendré (*Salix cinerea*) et le nerprun (*Rhamnus frangula*). La femelle place ses œufs sur ces mêmes végétaux, à la partie inférieure des feuilles, où les chenilles se tiennent ordinairement dans un état de repos, depuis le mois de juillet jusqu'en septembre. Les chenilles présentent déjà dans leur jeune âge une corne très-développée à l'extrémité de leur corps. On trouve parfois de ces chenilles avec des points rouges aux côtés, mais il existe une autre variété, qui est du reste fort rare, de couleur blanchâtre avec les lignes transversales à peine marquées. La transformation en chrysalide a lieu sous terre en août ou septembre. Quelquefois aussi, au lieu de passer tout l'hiver dans la terre, le papillon se développe quatre à six semaines après la chrysalidation de la chenille Ce papillon est assez variable; tantôt on en voit des bleuâtres, tantôt d'un gris rougeâtre, mais plus rarement d'un gris jaunâtre ou d'une nuance carnée.

Ptérogon de l'Onagre,
sur l'Onagre.

PTÉROGON DE L'ONAGRE.

PTEROGON ŒNOTHERÆ, BOISD.

THE ONAGRAD'S HAWK-MOTH. — NACHTKERZENSCHWÄRMER.

HÜBN., SPHING., pl. IX, f. 58, p. 94. — Ochsenb., SCHM. EUR., II, p. 196. — Treits , NATURG. D. SCHM. EUR.. II, p. 57, pl. V, f. 4.— Frey., BEITR., I, p. 14, pl. II.— Boisd., p. 46, n° 372. — Spey.. GEOGR. VERB., I, p 315.
MACROGLOSSA ŒNOTHERÆ, Treit. — PTEROGONIA ŒNOTHERÆ, Spey. — SPHINX ŒNOTHERÆ, Lin. — S. PROSERPINA, Pall.

Cette espèce habite principalement le nord de l'Afrique et l'Europe méridionale. On la trouve en Russie, en Allemagne, en France, en Italie, en Espagne et sur les îles Canaries ; elle est rare en Hollande, en Belgique et dans le nord de l'Allemagne.

La chenille vit en juillet sur l'onagre (*OEnothera biennis*), sur les épilobes (*Epilobium palustre, angustifolium* et *rosmarinifolium*) et sur la salicaire (*Lythrum salicaria*). Elle est, dans son jeune âge, jaunâtre ou d'un vert sale ; adulte, elle est d'un vert foncé ou d'un brun grisâtre ; la pointe anale est remplacée par une petite plaque ovale jaune, munie d'un point noir central. La chrysalidation a lieu dans la terre, à l'intérieur d'une coque formée de matières terreuses.

L'insecte parfait prend son vol en mai ou en juin de l'année suivante.

Macroglosse stellaire.

sur le gaillet jaune.

MACROGLOSSE STELLAIRE.

MACROGLOSSA STELLATARUM, TREITS

HUMMING-BIRD HAWK-MOTH. — STERNKRAUT-SCHWÄRMER.

———

Ochsenh., t. II, p. 193. — Esper, t II, pl. XIII. — Boisd., p. 45, n° 371. — SPHINX STELLATARUM, Linné.

Ce macroglosse habite le milieu de l'Asie, le nord de l'Afrique, les iles Canaries et une grande partie de l'Europe, principalement le sud de la Russie, de la Suède et de la Norwége, l'Allemagne, la Belgique, la Hollande, la Grande-Bretagne, la France et l'Italie ; mais c'est toujours dans les contrées du midi qu'il se trouve en plus grand nombre ; on en rencontre aussi sur les montagnes à de très-grandes hauteurs.

Ce papillon recherche de préférence les endroits où croissent beaucoup de fleurs, et s'y plait aussi bien pendant le jour en plein soleil que vers le soir. Il y fait ses évolutions, voltige de fleur en fleur en enfonçant sa trompe dans leur corolle pour pomper les sucs mielleux qu'elles contiennent, mais il prend le vol au moindre mouvement qui se produit. La chenille se trouve en juillet sur les gaillets jaune, grateron et mollugine (*Galium verum, aparine* et *mollugo*), la garance (*Rubia tinctorum*), la stellaire des bois et le mouron des oiseaux (*Stellaria nemorum* et *media*). Il y a chaque année deux générations de cette espèce ; les chenilles de la seconde génération que l'on trouve encore jusqu'en octobre. s'abritent pour hiverner et reparaissent au printemps. Ces chenilles reçoivent une teinte rougeâtre un peu avant leur transformation en chrysalide ; cette dernière se trouve sur la terre entre des feuilles réunies par un léger tissu. Le papillon parfait l'abandonne au bout de trois à quatre semaines.

Macroglosse bombyliforme,
sur le Chèvrefeuille des jardins.

MACROGLOSSE BOMBYLIFORME.

MACROGLOSSA BOMBYLIFORMIS, BOISD.

THE NARROW-BORDERED BEE HAWK MOTH. — HUMMELÄHNLICHER SCHWÄRMER.

Hübn., Sph., f. 56, p. 93. — Esp., Schm., II, pl. XIV, p. 118. — Ochsenh., Schm. eur., II, p. 189. — Frey., Beitr., II, pl. LVI, p. 26. — Boisd., p. 45, n° 369. — Spey., Geogr. verb, I, p. 313.

Sphinx bombyliformis, Esp. — Sp. fuciformis, Schiff. — Sesia bombyliformis, Cur. — S. fuciformis, Hb. — *Var.:* Milesiformis, Dahl.

Ce macroglosse habite la Sibérie, la Laponie, la Suède, la Norwége, la Russie, le Danemark, l'Allemagne, la Hollande, la Belgique, la Grande-Bretagne, la France et l'Italie. La variété *Milesiformis* est assez commune dans plusieurs parties de l'Allemagne et en Hongrie.

On rencontre la chenille en juillet et en août sur les chèvrefeuilles (*Lonicera xylosteum* et *caprifolium*), les gaillets (*Galium verum* et *aparine*) et sur la scabieuse (*Scabiosa succisa*).

La chrysalidation a lieu dans la terre et l'insecte parfait vole en mai et en juin.

Cette espèce a longtemps été considérée comme une variété du *M. fuciformis ;* mais le doute ne fut plus possible après la découverte de sa chenille, qui se distingue facilement de celle de son congénère.

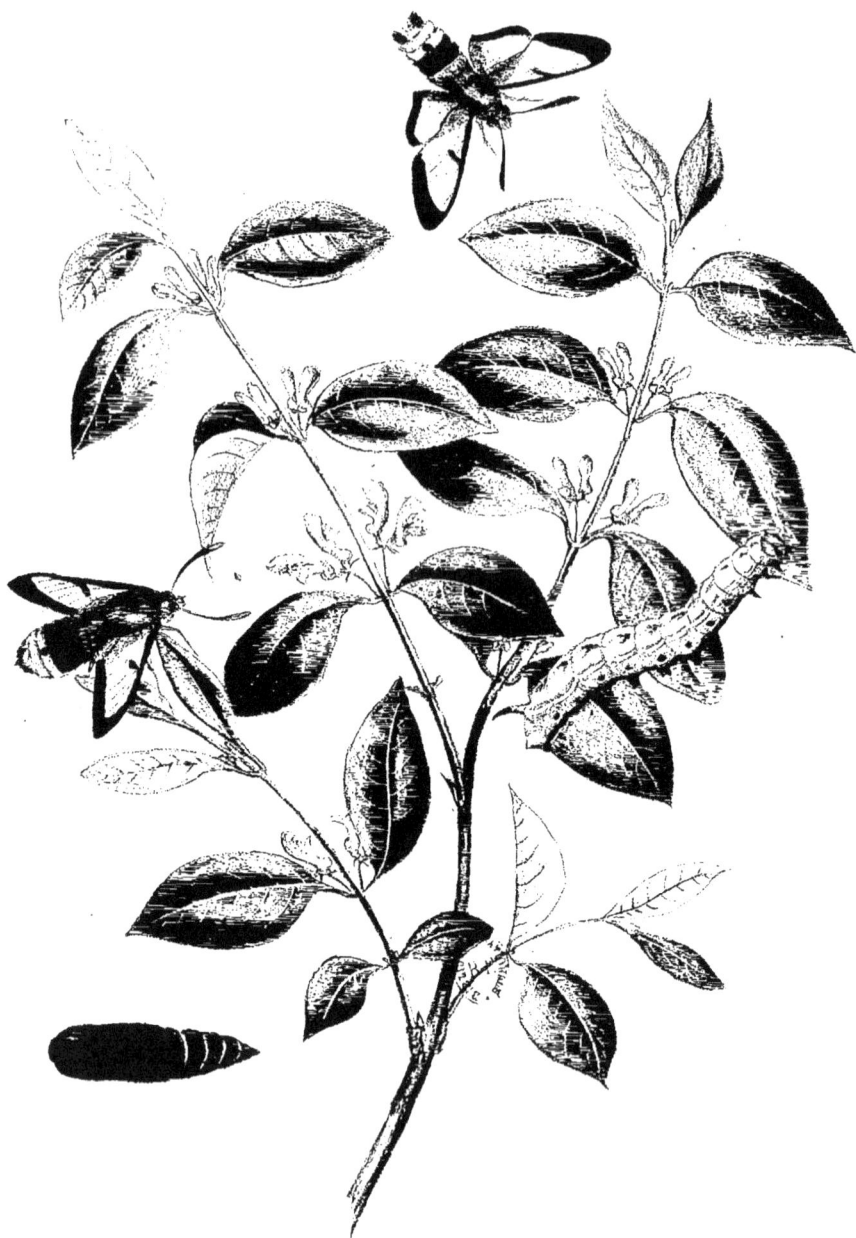

Macroglosse fuciforme,

sur le Chèvrefeuille des buissons.

MACROGLOSSE FUCIFORME.

MACROGLOSSA FUCIFORMIS, TREITS.

BROAD-BORDERED BEE HAWK-MOTH. — HUMMEL SCHWÄRMER.

Ochsenh., t. II, p. 189 — Esper, t. II, pl. XXIII. — Speyer, GEOGR. VERB., t. I, p. 313.
— Boisd., p. 45, n° 368. — SPHINX FUCIFORMIS, Lin. — S. BOMBYLIFORMIS, Ochs. —
SESIA FUCIFORMIS, West. — S. BOMBYLIFORMIS, Step.

Cette espèce habite l'Asie Mineure, la Sibérie, la Laponie, la Russie, la Suède, la Norwége, l'Allemagne, la Belgique, la Grande-Bretagne, la France et l'Italie.

La chenille de ce macroglosse se trouve, vers les mois de juillet et d'août, sur le chèvrefeuille des buissons (*Lonicera xylosteum*), le gaillet jaune (*Galium verum*), le gaillet grateron (*G. Aparine*), la knautie des champs (*Knautia arvensis*) et la scabieuse colombaire (*Scabiosa columbaria*).

Dès que cette chenille a atteint le terme de sa croissance, elle se chrysalide au-dessus de la terre entre de la mousse et des feuilles, qu'elle fait tenir autour d'elle à l'aide de quelques fils. Peu de temps avant sa métamorphose, elle change de couleur et devient d'un brun rougeâtre. Ce n'est qu'en mai ou en juin de l'année suivante que le papillon parfait abandonne sa chrysalide; il vole alors dans les jardins, sur les petites élévations exposées au soleil et émaillées de fleurs; c'est généralement vers l'heure de midi, pendant la plus forte chaleur du jour, qu'il voltige le plus.

1. Trochilion apiforme, 2. Sciaptéron
tabaniforme.

TROCHILION APIFORME.

TROCHILIUM APIFORME, Clerk.

THE HORNET MOTH — HORNISSWESPENÄHNLICHER SCHWÄRMER.

Clerk. Icon. I. pl. 9, f. 2. — Lin. F. S. p. 280. — Schiff. W. V. p. 44. — Esp. Schm. II, pl. 14, f. 2, p. 122 ; pl. 29, f. 2, 3 et f. 4, 5 (ab.). — Hubn. Sphing. pl. 8, f. 51, p. 92. — Ochsenh. Schm. Eur. II. p. 121. — Boisd. Ind. p. 44, nᵒ 367. — Steph. Brit. Lep. p. 28. — Ann. de la Soc. Ent. B. I, p. 37, nᵒ 14. Spey. Geogr. verb. I. p. 327. — Staud. Cat. p. 38, nᵒ 498.
Sphinx apiformis, Cl. — Sph. crabroniformis, Sch. — Sesia apiformis. Lasp — Sphecia apiformis. Step. Trochlium apiforme, Steph. — Ab. : Sireciformis, Esp. — Crabroniformis. Schn. — Tenebrionformis, Esp.

Habite toute l'Europe, sauf les régions boréales, la Dalmatie, la Turquie et la Grèce ; on le rencontre également dans la partie N.-O. de l'Asie mineure et sur les monts Altaï.

L'insecte parfait est commun en juin et en juillet sur les troncs de saules et de peupliers ; la chenille vit sous l'écorce de ces arbres, où elle se creuse des galeries parfois longues de plusieurs pieds. La chrysalidation n'a lieu, paraît-il, qu'en mai de la seconde année ; elle s'opère soit sous l'écorce, soit dans les racines.

SCIAPTÉRON TABANIFORME.

SCIAPTERON TABANIFORME, Rott.

THE CLEAR UNDERWING — RACHFLIEGENÄHNLICHER SCHWÄRMER.

Rott. Nature. vii. p. 110. — Hubn. Sphing. pl. 7. f. 4, p. 91. — Esp. Schm. II, pl. 29, f. 1. — Ochsenh. Schm. Eur. II. p. 128. — Frey. N. Beitr. pl. 362, f. 3. — Boisd. Ind. p. 44, nᵒ 364. — Steph. Brit. Lep. p. 29. — Ann. de la Soc. Ent. B. I, p. 36, nᵒ 13. — Spey. Geogr. verb. I, p. 328. — Staud. Cat. p. 38, nᵒ 501.
Sphinx tabaniformis, Rott. — Sph. vespiformis, L. — Sph. asiliformis, Sch. — Ægeria asiliformis. Step. — Æ. œstriformis. Kir. — Sesia asiliformis. View. Trochilium vespiforme, West. — Sciapteron tabaniforme, Staud. — Var. : Rhingiæformis, Hb. Crabroniformis, Lasp. — Synagriformis, Rbr.

Ce sphingide a pour patrie l'Europe centrale et méridionale, le sud de la Scandinavie et la Finlande ; on rencontre sa variété *Rhingiæformis* dans l'Europe méridionale et occidentale, ainsi qu'en Syrie. Il est rare en Belgique, où on le trouve cependant dans différentes localités sur le tronc des peupliers d'Italie.

La chenille vit sous l'écorce et dans les racines des peupliers. L'insecte parfait vole vers la fin de juin.

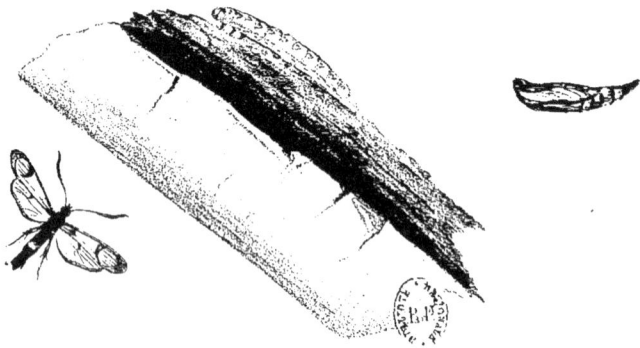

Sécie formiciforme
—— culiciforme.

SÉCIE FORMICIFORME.

SECIA FORMICÆFORMIS, Lasp.

FLAME-TIPPED RED-BELT. — AMEISENÄHNLICHER SCHWÄRMER.

Ochsenh., t. II, p. 165. — Esp., t. II, pl. XXXII. — Spey., Geogr. Verb., t. I, p. 334. — Boisd., p. 43, n° 341. — Sphinx formicæformis, Esp. — S. nomadæformis, Hüb. — S. tenthrediniformis. Bork. — S. flammeus, Hav. — Ægeria formiciformis, Step. — Trochilium formiciforme, West.

Cette espèce habite la Laponie, la Livonie, le voisinage du Volga, en Allemagne particulièrement la province Rhénane, la Hollande, la Belgique, la Grande-Bretagne, la France, l'Espagne et le Portugal ; mais elle est généralement assez rare dans tous ces pays.

La chenille vit dans les troncs des saules où elle se creuse des galeries en rongeant le bois. Après avoir passé l'hiver en léthargie, cette chenille se chrysalide dans les galeries formées l'année précédente ; le papillon abandonne ces lieux au mois de juin et voltige dans les buissons de saule jusqu'en août ; on le trouve aussi parfois sur le tronc des arbres mentionnés plus haut.

SÉCIE CULICIFORME.

SECIA CULICIFORMIS, Larp.

LARGE RED-BELT. — SCHACKENÄHNLICHER-SCHWÄRMER.

Ochsenh., t. II, p. 159. — Esp., t. I, pl. XV. — Spey., Geogr. Verb., t. I, p. 333. — Boisd., p. 43, n° 344. — Sphinx culiciformis, Lin. — Ægeria culiciformis, Step. — Trochilium culiciformis, West.

La Laponie, la Livonie, la Suède, l'Allemagne et la Grande-Bretagne sont les pays que cette sécie habite principalement. Elle est très-rare en Hollande, en Belgique et en France.

On rencontre ce petit lépidoptère dans les forêts de bouleaux où la chenille vit dans l'intérieur du tronc de ces arbres ainsi que des aunes (*Alnus glutinosa*), et elle y passe même l'hiver. Sa transformation s'opère en avril ou en mai ; la chrysalide est fixée à l'aide de fibres ligneuses, et l'insecte parfait s'en dégage vers les mois de mai ou de juin selon l'état de la température.

1.

2.

3.

4.

5.

6.

6.

6.

6.

7.

5.

5.

Sésie: 1. sphéciforme., 2. tipulif., 3. asilif., 4. myopif.,
5. ichneumonif., 6. empif., 7. chrysidif.

SÉSIE SPHÉCIFORME.

SESIA SPHECIFORMIS, Schiff.

THE BLACK AND WHITE HORNED CLEARWING. — RAUBWESPENÄHNLICHER SCHWÄRMER.

Schiff. W. V. p. 306. — Fab. E. S. III, 1, p. 383. — Hubn. Sphing. pl. 16, f. 77-78. — Esp. Schm. II, pl. 30, f. 4. — Ochsenh. Schm. Eur. II, p. 134. — Bork. E. S. II, p. 131. Boisd. Ind. p. 44, n° 362. — Ann. de la S. ent. B. I, p. 36. — Spey. Géogr. verb. I, p. 329. — Staud. Cat. p. 39, n° 507.

Sphinx spheciformis, Schiff. — S. ichneumoniformis, Bork. — S. semizonatus, Haw. — Ægeria spheciformis, Steph. — Trochilium sphægiforme, West. — Sesia sphægiformis, Fab. — S. spheciformis, Ochs.

Cette sésie habite presque toute l'Europe et les provinces de l'Amour. C'est une espèce assez rare pour la Belgique : elle a été observée dans la vallée de l'Ourthe, ainsi que dans plusieurs autres localités ; elle est assez abondante en juin dans les environs de Ciney.

La chenille vit deux ans dans les troncs d'aunes (*Alnus glutinosa*), et se creuse des galeries dans le bois, à la base de l'arbre.

SÉSIE TIPULIFORME.

SESIA TIPULIFORMIS, Clerk.

THE CURRANT HAWK MOTH. — ERDSCHNACKENÄHNLICHER SCHWÄRMER.

Clerk. Icon. I, pl. 9, f. 1. — Lin. F. S. éd. 2, p. 289. — Esp. Schm. II, pl. 15, f. 3. — Hubn. Sphing. pl. 8, f. 49. — Ochsenh. Schm. Eur. II. p. 171. — Boisd. Ind. p. 42, n° 336. — Hufn. Berl. M. II, p. 188. — Ann. de la S. ent. B. I, p. 35. — Spey. Géogr. verb. I, p. 330. — Staud. Cat. p. 39, n° 511.

Sphinx tipuliformis, L. — S. salmachus, Hufn. — Ægeria tipuliformis, Step. — Trochilium tipuliforme, West.

Habite presque toute l'Europe depuis la Laponie jusqu'en Toscane, la Sibérie, l'Asie Mineure et l'Arménie. En Belgique, elle est plus ou moins commune, suivant les localités.

La chenille vit en été et en automne, dans les jeunes branches des groseilliers rouges (*Ribes rubrum*) et des noisetiers. L'insecte parfait vole en mai et en juin ; on le rencontre souvent en plein midi.

SÉSIE CHRYSIDIFORME.

SESIA CHRYSIDIFORMIS, Esp.

THE FIERY CLEARWING. — GOLDWESPENAHNLICHER SCHWÄRMER.

Esp. Schm. II, pl. 30, f. 2. — Cyril. Ent. Neap. pl. 4, f. 3. — Hubn. Sphing. pl. 8, f. 53. — Ochsenh. Schm. Eur. II, p. 143. — Boisd. Ind. p. 44, n° 357. — Ann. de la Soc. ent. B. I, p. 36. — Spey. Geogr. verb. I, p. 339. — Staud. Cat. p. 42, n° 562.

Sphinx chrysidiformis, Esp. — S. hæmorrhoidalis, Cyrill.— ? S. chalcidiformis, God. — S. bicinctus, Haw. — Trochilium chrysidiforme, West. — Sesia crabroniformis, Fab. — S. chrysidiformis, Ochsenh. — *Ab.* : Chalcocnemis, Staud.

La sésie chrysidiforme habite l'Allemagne centrale et méridionale, la France, l'Angleterre, l'Italie, l'Espagne et la Corse. C'est une espèce méridionale qui est très-rare en Belgique, où elle a été observée sur les collines des bords de l'Ourthe par M. Carlier.

La chenille n'est pas encore connue.

1.Bembécie hyléiforme,
2.Thyris fenestrelle.

BEMBÉCIE HYLÉIFORME

BEMBECIA HYLÆIFORMIS, Lasp.

HONIGBIENENÄHNLICHER SCHWÄRMER.

Lasp. Ses. Eur. p. 14. — Hubn. Sphing. pl. 48, f. 108. — Ochsenh. Schm. Eur. II,
p. 138. — Boisd. Ind. p. 44, n° 359. — Stett. ent. Z. 1850, p. 28 — Ann. de la Soc.
ent. B. I, p. 36. — Spey. Geogr. verb. I, p. 339. — Staud. Cat. p. 43, n° 567.

Sphinx vespiformis, L. — S. apiformis, Hb. — Pennisetia anomala, Dehne. —
Sesia hylæiformis, Lasp. — Bembecia hylæiformis, S.

Cette espèce est plus ou moins répandue dans toute l'Europe centrale,
sauf en Hollande et en Angleterre; on la rencontre aussi en Piémont et
dans la partie méridionale de la Dalmatie. Elle est très-rare en Belgique,
où elle a été observée près de Bruxelles par M. Wesmael, à Rochefort par
M. de Sélys, etc.

La chenille vit, suivant M. O. Wilde, dans les racines de la ronce
(*Rubus idaeus*); dans le courant de juin elle monte dans les tiges pour se
chrysalider. L'insecte vole à la fin de juillet et en août.

THYRIS FENESTRELLE.

THYRIS FENESTRELLA, Scop.

GLASMAKELICHER SCHWÄRMER.

Scop. Ent. Carn. p. 217. — Schiff. syst. vers. p. 44. — Esp. Schm. pl. 23, f. 1. —
Hubn. Sphing. pl. 3, f. 16. — Ochsenh. schm. Eur. II, p. 115. — Boisd. Ind. p. 41,
n. 319. — Frey. N. Beitr t. vii, pl. 691, f. 2, p. 160. — Ann. de la soc. ent. B. I,
p. 35. — Spey. Geogr. verb I, p. 326. — Staud. Cat. p. 43, n° 571.

Phalæna fenestrella, Scop. — Sphinx fenestrina, Schiff. — S. pyralidiformis,
Hub. — Sesia fenestrina, Schr. — Thyris fenestrina, Ochsenh. — T. fenestrella, Staud.

Ce petit sphingide habite toute l'Europe centrale et méridionale, la
Livonie, l'Asie Mineure, l'Altaï, les provinces de l'Amour et, si l'indication de Chenu est exacte, l'Amérique du Nord. Il est rare en Belgique, où
il a cependant été observé dans beaucoup de localités.

On trouve la chenille, suivant M. Freyer, depuis le milieu de juillet
jusqu'en septembre, sur la clématite (*Clematis vitalba*), dont elle roule les
feuilles en cornet pour s'en faire une sorte d'habitation. Dès qu'on touche
cette chenille, elle exhale une odeur de punaise assez prononcée. La chrysalidation a lieu sur la terre ou contre une branche et à l'intérieur d'un
léger tissu. L'insecte parfait vole pendant le jour depuis le mois de mai
jusqu'en juillet, dans les bois et sur les haies pourvus de clématites.

Notre chenille est faite d'après la figure donnée par M. Freyer.

1-3 Procris de l'oseille 4-6 Procris de la globulaire

sur la globulaire.

Genre : PROCRIS. — PROCRIS, Fab.

PROCRIS DE L'OSEILLE.

PROCRIS STATICES, FAB.

THE GREEN FORESTER. — SAUERAMPFERSCHWÄRMER.

Hübn., Sph., pl I, f. 1, p. 76. — Esp., chm., II, pl. 18, f. 2, p. 158 — Ochsenh., Schm.
Eur , II, p. 11. — Boisd., p. 54, n° 448. — Frey., Neue. Beitr., 1, p. 118. — Spey.,
Geogr. verb., 1, p. 356.
Ino statices, Step.—Atichia statices, Ochs. — Sphinx statices, Lin. — S. turcosa,
Retz. — Var.: Ino globulariæ, Step. — Sphinx Geryon, Hüb. — S. micans, Frey.

Ce petit sphingide habite toute l'Europe; on le rencontre depuis la Laponie jusqu'en Espagne, et depuis la Grande-Bretagne jusqu'aux monts Ourals; il est surtout commun en Allemagne, en Hollande, en Belgique, en France et en Italie; on l'observe également en Asie mineure.

On trouve la chenille en mai et en juin sur l'oseille (*Rumex acetosa*) et sur la globulaire (*Globularia vulgaris*). La chrysalidation a lieu vers la mi-juin, à l'intérieur d'un tissu jaune; l'insecte parfait vole à la fin du même mois ou dans le courant de juillet. Il est commun dans les prairies humides, où il se tient généralement dans les endroits les plus exposés au soleil.

Cette espèce est souvent confondue avec le *P. globulariæ*. Elle se distingue de ce dernier par sa taille, qui est plus petite, et par sa couleur, qui est d'un vert plus jaunâtre.

PROCRIS DE LA GLOBULAIRE.

PROCRIS GLOBULARIÆ, Esp.

THE SCARCE FORESTER. — KUGELBLUMEN SCHWÄRMER.

Hübn., Sph., pl. I. f. 2 et 3, p. 76. — Esp., Schm., II, pl. XLIII, cont. 18, f. 5 et 6, p. 18.
— Ochseuh, Schm. eur, II, p. 13. — Frey, Neue. Beitr., I, pl. LVII, f. 2, p. 119. —
Boisd., p. 54, n° 450.— Spey. Geogr. verb., I, p. 358.
Ino globulariæ, Wood. — Sphinx globulariæ, Hüb. — S. statices minor,? —
S. chloros, Hb., var.

Cette espèce est propre à l'Europe centrale et méridionale; on la rencontre dans les contrées du sud de l'Allemagne, en France, en Italie, en Dalmatie et en Espagne ; elle est rare en Angleterre et très-rare en Belgique.

La chenille de cet insecte vit, comme celle de son congénère, sur l'oseille (*Rumex acetosa*) et sur la globulaire commune (*Globularia vulgaris*). Elle se chrysalide en juillet, à l'intérieur d'un tissu blanc, et se montre à l'état parfait à la fin du même mois ou bien en août.

La chenille de ce lépidoptère est peu connue : c'est Hübner le premier qui en a donné une bonne figure; depuis lors, tous les dessins publiés de cette chenille ont été empruntés à l'ouvrage de cet entomologiste. Je regrette beaucoup d'avoir dû puiser à la même source, car la chenille est introuvable et il fallait bien que je la fisse connaître à mes lecteurs.

1.Zygène des prés. **2.**aberr. Orobi.
sur le Trèfle rampant.

ZYGÈNE DES PRÉS.

ZYGÆNA TRIFOLII, Esp.

THE SMALL FIVE-SPOT BURNET. — WUCHERKLEE SCHWÄRMER

Esp. SCHM. II. pl. 34, f. 4, 5. — Hubn. SPHING. pl. 99, f. 135, p. 80. -- Ochsenh. SCHM.
EUR. II. p. 47. – Boisd. IND. p. 52, nᵒ 418. — Steph. BRIT. LEP. p. 23. — Frey. N.
REITR. pl. 200. — ANN. DE LA SOC. ENT. B., I. p. 42 et XV, p. LVII. — Spey. GEOGR.
VERB. I, p. 346. -- Staud. CAT. p. 47, nᵒ 611.

SPHINX TRIFOLII, Esp. — SPH. GLYCIRRHIZÆ, Hb. — SPH. PRATORUM. Vill. — ZYGÆNA
TRIFOLII, O. — ANTHROCERA TRIFOLII, Step. — A. LOTI, West. — Var. : SYRACUSIA.
Z. — = AUSTRALIS. Ld. === TRIFOLII VAR. Rbr. — DUBIA, Staud. == TRANSALPINA,
Hb. == MEDICAGINIS, Ld. == CHARON B. · = STŒCHADIS, H. S. — Ab. : MINOIDES,
de Sel. — CONFLUENS, Staud. — ACHILLEÆ. ab. H. G. — OROBI, Hb. — BASALIS,
de Sel.

Ce zygène habite toute l'Europe, sauf la Dalmatie, la Turquie, la
Grèce et les régions boréales ; on le rencontre également dans la partie
nord-est de l'Asie mineure et sur les monts Altaï. On trouve la var.
Syracusia en Sicile, en Espagne, en Algérie et au nord du Maroc ;
la var. *Dubia* habite les vallées des Alpes méridionales et des Pyrénées.

La chenille, qui nous est inconnue, est d'un jaune pâle avec quatre
rangées de points noirs ; le ventre est ombré de noirâtre et la tête est
noire. Elle vit en mai sur les trèfles. La chrysalide est noire, et le cocon
d'un jaune paille.

L'insecte parfait est très-commun, au commencement de juin, dans
certaines prairies marécageuses de la Belgique, surtout dans celles des
bords du Geer, où M. de Selys-Longchamps a souvent pris l'aberration
Minoides. Celle-ci se distingue du type, par les deux taches médianes
réunies en une seule bande avec les basales et la terminale ; chez *l'Orobi*,
les deux taches médianes sont séparées ; enfin l'ab. *Basalis* a les deux
taches médianes réunies et confluentes avec les basales seules [1].

---

[1] Voyez la notice sur les aberrations du *Z. trifolii*, publiée par M. de Selys
dans le tome XV des Annales de la Soc. ent. de Belg.

Zygène du Chèvrefeuille,

sur le Lotier corniculé.

ZYGÈNE DU CHÈVREFEUILLE.

ZYGÆNA LONICERÆ, ochs.

LARGE FIVE SPOT BURNET. — SCHOTTENKLEE SCHWÄRMER.

Ochsenh., t. II, p. 49. — Esp., t. II, pl. XXIV. — Frey., t. V, pl. 446. — Spey., GEOGR.
VERB , p. 347. — Boisd., p. 50, nᵒ 419. — SPHINX LONICERÆ, Esp. — S. GRAMINIS,
Devill. — S LOTI, Hüb — ANTHROCERA LONICERÆ, West. — A. LOTI, Step., var. —
A. MELILOTI, Step., var. — A. TRIFOLII, Wood., var. — ZYGÆNA LOTI, Fab.

Cette espèce est répandue dans presque toute l'Europe; on la trouve
en Russie, en Norwége, en Suède, en Danemark, en Hollande, en Allemagne, en Suisse, en Grande-Bretagne, en Belgique, en France, en
Italie et en Andalousie.

Le développement des œufs, qui sont en forme d'ellipse et de couleur jaune, est terminé dans l'espace d'une quinzaine de jours, et les
petites chenilles qui en sortent vont alors se disperser sur le trèfle
rougeâtre (*Trifolium rubens*), le trèfle des champs (*T. arvense*), le
trèfle des prés (*T. pratense*), le trèfle incarnat (*T. incarnatum*), le trèfle
alpestre (*T. alpestre*), le lotier corniculé (*Lotus corniculatus*), la gesse
des prés (*Lathyrus pratensis*) et le sainfoin cultivé (*Onobrychis sativa*).
Il arrive souvent que la mauvaise saison empêche le complet développement de ces chenilles; elles sont alors obligées d'attendre en état
de léthargie une époque plus favorable pour acquérir leur grandeur
normale.

Vers la fin de juin, ces chenilles opèrent leur métamorphose : la
chrysalide est protégée par un tissu serré et d'un jaune paille. Deux
semaines après, la zygène rompt son enveloppe, et on la voit en juillet
et août voltiger autour des fleurs. Elle se repose de préférence sur les
chardons en fleur, le chèvrefeuille, et quelquefois on en voit plusieurs
réunies sur la même plante; ces gentils petits papillons sont alors
facile à prendre, car ils ne s'envolent pas vite.

Zygène de la filipendule
sur la Brize intermédiaire.

ZYGÈNE DE LA FILIPENDULE.

ZYGÆNA FILIPENDULÆ, FABR.

SIX-SPOTTED BURNET. — LÖWENZAHN-ZYGÄNE.

Ochsenh., t. II, p. 54. — Esper, t. II, pl. XVI. — Boisd., p. 52, nᵒ 420. — SPHINX FILIPENDULA, Linné. — Sp. RATISBONICA, Fuess. — ANTHROCERA FILIPENDULÆ, Step. — A. HIPPOCREPIDIS, Step. var. — ZYGÆNA CHRYSANTHEMI, Esper. var. — Z. MANNII, Dahl. — Z. CYTISI, Hüb. var.

On rencontre ce gentil petit papillon dans presque toute l'Europe, dans une grande partie de la Sibérie et aux îles Canaries; mais principalement en Turquie, en Russie, en Suède, en Norwége, en Allemagne, en Hollande, en Belgique, en Grande-Bretagne, en France et en Italie.

L'œuf de ce zygène est d'un jaune clair; la chenille en sort au bout de huit à dix jours; aussitôt qu'elle est parvenue à la moitié de son développement, elle passe l'hiver en léthargie. On la retrouve en mai et en juin dans toute sa croissance sur la brize intermédiaire (*Briza media*), le liondent d'automne (*Leontodon autumnalis*), le lotier corniculé (*Lotus corniculatus*), la véronique officinale (*Veronica officinalis*), le pissenlit officinal (*Taraxacum officinale*), l'épervière piselle (*Hieracium pilosella*), l'épervière oreillette (*H. auricula*), le plantain lancéolé (*Plantago lanceolata*) et sur les trèfles (*Trifolium*). Cette chenille a une très-petite tête et se tient dans une attitude contractée. Elle se construit contre le chaume des graminées ou la tige d'autres plantes, un cocon d'un beau jaune soufre, ayant une consistance parcheminée, et dans lequel se trouve la chrysalide. Le papillon quitte celle-ci au bout de trois semaines. On le voit alors se livrer à ses joyeux ébats dans les prés, les clairières des forêts et dans d'autres lieux émaillés de fleurs dont il absorbe les sucs, surtout des filipendules et des trèfles. On le rencontre en général depuis les plaines jusqu'au haut des montagnes presque aux dernières limites de toute végétation.

Zygène de l'Hippocrépide, 2. var.
sur le Lotier.

ZYGÈNE DE L'HIPPOCRÉPIDE.

ZYGÆNA HIPPOCREPIDIS, OCHSENH.

HUFEISENSCHWÄRMER.

Hübn., Sphing., pl. 3, f. 32, et pl. 17, f. 83. — Fuessl., Magaz., I, pl. 1, f. 2, p. 139. — Esp.,
Schm., II, pl. 35, Cont. X, f. 1, p. 224.—Ochsenh., Schm. Eur., II, p. 63.— Frey., Neue Beitr.,
I, pl. 86; f .2, 3, p. 157. — Boisd. Ind., p. 52, n° 423. — Ann. de la Soc. ent. belge, I, p. 44.
— Spey., Geogr. verb., I, p. 349.

Sphinx hippocrepidis et S. loti, Hb. — S. astragali, Borkh. — S. filipendulae, Fuessl. —
Var. : hopfferi, Ld. (1).

Cette espèce habite la partie occidentale de l'Allemagne, où elle est
même commune en Thuringe, dans les provinces Rhénanes et en Suisse;
on la trouve également en France et en Italie. M. de Selys-Longchamps
a le premier constaté son existence en Belgique, par l'examen d'exemplaires pris à Neufchâteau (Luxembourg) par M. Warlomont. M. Dutreux dit que ce Zygène est commun dans le grand-duché de Luxembourg, pendant toute la belle saison, dans les prés et les clairières bien
exposés au soleil. Plusieurs exemplaires ont également été pris dans les
environs de Dinant.

On trouve la chenille en mai ; elle vit principalement sur l'hippocrépide (*Hippocrepis comosa*), le lotier (*Lotus corniculatus*) et le faux-
réglisse (*Astragalus glycyphyllos*). Pour se chrysalider, elle file le long
des tiges une coque jaune, un peu plissée, plus courte que celle du *Z. filipendulæ*. L'insecte parfait éclot au bout de quinze à vingt jours.

(1) Suivant MM. Speyer, les *Z. medicaginis* et *angelicae* ne seraient que des variétés de
l'*hippocrepidis*. (Voy. Spey., *Geogr. verb*, I, p. 463)

Syntomis du pissenlit.

sur le pissenlit.

SYNTOMIS DU PISSENLIT.

SYNTOMIS PHEGEA, ILLIG.

LOWENZAHNSCHWARMER.

Lin. S. N. X, 494. — Hübn. Sphing., pl. 20, f. 99-100, p. 85. — Esp., Schm. II, pl. 17, f. 1-2, p. 144. — Ochsenh., Schm. Eur. II, p. 105. — Boisd., Ind. meth., p. 54, n° 447. — Ann. de la Soc. ent. belge, 1, p. 44. — Spey. Geogr. verb. 1, p. 361. — Staud. Cat. p. 50, n° 642.

Sphinx phegea, Lin. — *aberr.*: Cloelia, Iphimedia, Esp.

Ce sphingide habite la Hongrie, la Dalmatie, l'Allemagne, les Pays-Bas, la France, toute l'Europe méridionale, le Caucase et l'Altaï; en Belgique il n'est répandu que dans les environs de Louvain.

On trouve la chenille en mai et en juin, à terre sous de la mousse et des feuilles mortes; elle se nourrit des patiences (*Rumex acetosa* et *acutus*,) du plantain lancéolé (*Plantago lanceolata*,) du pissenlit (*Leontodon taraxacum*) et de la scabieuse (*Scabiosa succisa*); Ochsenheimer dit l'avoir élevé à l'aide de feuilles du prunier (*Prunus padus*). Dans le courant de juin elle se construit, sous des feuilles, un léger tissu blanchâtre dans la composition duquel entrent les poils dont son corps est revêtu.

L'insecte parfait se montre après avoir vécu trois semaines sous forme de chrysalide, et on le rencontre alors en juillet.

Nadie servante.

sur le Parmelia caperata.

NACLIE SERVANTE.

NACLIA ANCILLA, Lin.

WANDFLECHTEN SCHWÄRMER

Lin. S. N. XII. p. 835. — Esp. Schm. IV. pl. 85. f. 1, 2. — Fab. E. S. I, 2, p. 487. — Hubn. Bomb., pl. 26, f. 114 (mas.). pl. 57, f. 245 (fem.). — Ochsenh. Schm. Eur., III, p. 157. — Frey. N. Beitr., pl. 32, f. 2. — Boisd. Ind. p. 60, n° 493. — Ann. de la Soc. ent. B. I, p. 48. — Spey. Geogr. verb. I, p. 362. — Staud. Cat. p. 50. n° 647.

Phalæna ancilla, L. — Bombyx ancilla, Hb. — B obscura, F. — Lithosia ancilla, O. — Naclia ancilla, Boisd.

Cette petite espèce, récemment introduite par M. Staudinger dans le groupe des sphingides, habite la vallée du Volga, l'Allemagne, la Belgique, la France, l'Italie et toute l'Europe méridionale, sauf la Grèce. Elle est assez commune, en juillet, sur les collines arides de l'Ardenne, du Condroz et des environs de Namur.

On trouve la chenille en mai et en juin sur divers chryptogames des genres lichen et jungermanne, et particulièrement sur les *Parmelia parietina, caperata, olivacea* et sur la *Jungermannia complanata*. La chrysalidation se fait dans un léger tissu, et l'insecte parfait prend son essor au bout de trois à quatre semaines.

La chenille de notre planche est la reproduction de celle donnée par Hubner.

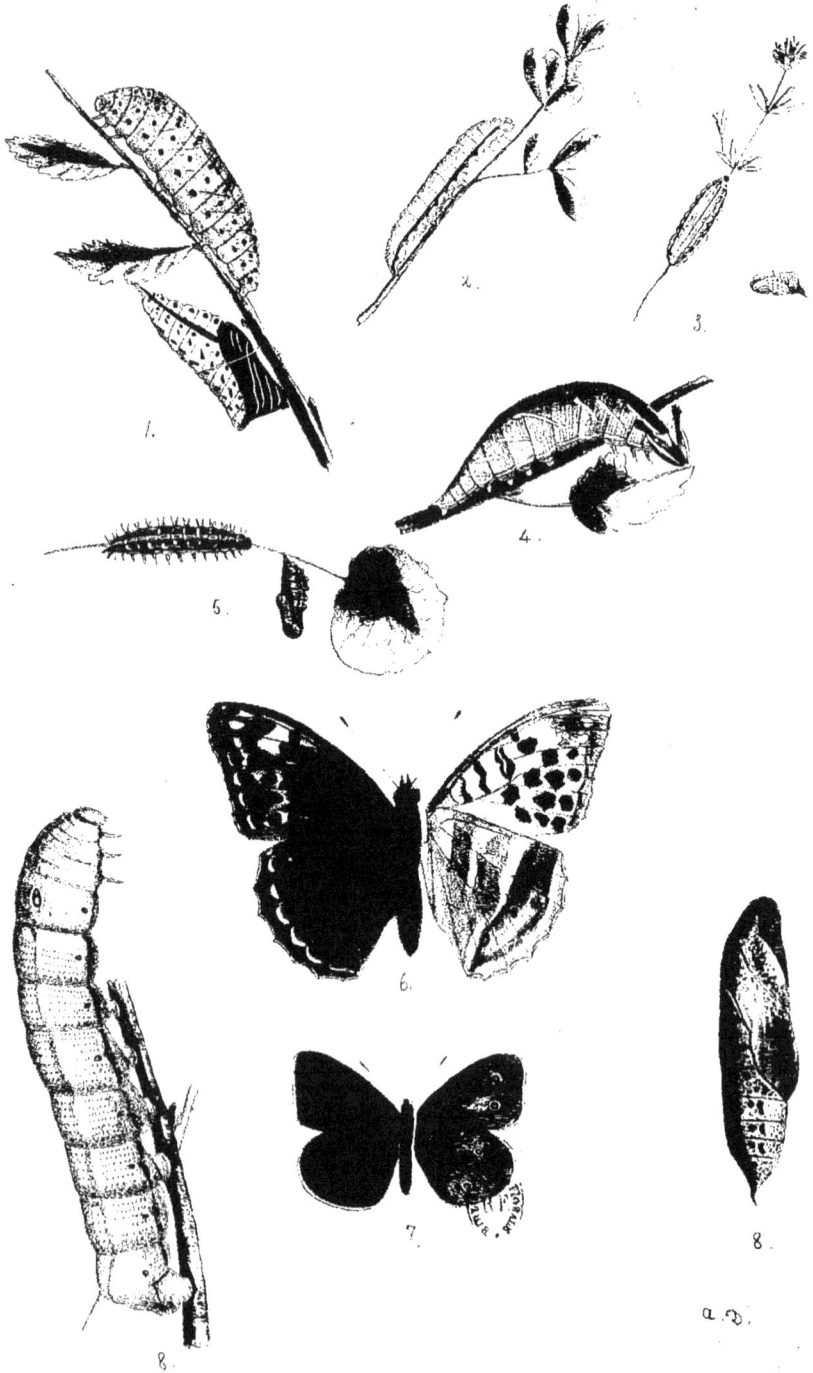

1. 2. 3. 4. 5. 6. 7. 8. 8. a. b.

Planche supplémentaire.

EXPLICATION

DE LA PLANCHE SUPPLÉMENTAIRE

---

1. Chenille et chrysalide du *Papilio podalirius*, L.

2. Chenille du *Colias palæno*, L., d'après Freyer.

3. Chenille et chrysalide du *Lycæna Baton*, Berg. var., *Panoptes*, Hb., d'après P. Millière.

On trouve cette chenille à partir du milieu d'avril jusque vers la fin de mai sur le thym (*Thymus vulgaris*), des fleurs duquel elle se nourrit.

M. Millière fait remarquer qu'il est important, quand on élève de ces chenilles, de les isoler, car non-seulement elles se dévorent entre elles, mais les chrysalides formées les premières sont impitoyablement mangées.

4. Chenille de l'*Apatura Iris*, L.

5. Chenille et chrysalide de l'*Argynnis Pales*, Schiff.

La chenille que nous avons figurée avec l'insecte parfait, n'est pas de l'*A. Pales*, mais bien de l'*A. Euphrosyne*. Nous donnons donc sur la planche ci-contre la véritable chenille de l'*A. Pales*, d'après M. Freyer, qui dit l'avoir trouvée vers le milieu de juillet sur la *Viola montana*.

6. *Argynnis Paphia*, L., aber. fem. *Valesina*, Esp.

7. *Epinephele Hyperantus*, L., aber.

8. Chenille et chrysalide du *Deilephila celerio*, L.

Cette chenille est le plus ordinairement telle que nous l'avons figurée sur la pl. 100 ; mais elle est verte dans son jeune âge et conserve parfois cette couleur jusqu'à sa métamorphose. Celle-ci se fait à terre entre quelques feuilles réunies à l'aide de fils de soie.

Le *D. celerio* habite les contrées méridionales de l'Europe et de l'Asie, toute l'Afrique et l'Australie. Il se montre accidentellement en Belgique où il a été pris dans plusieurs localités.

www.ingramcontent.com/pod-product-compliance
Lightning Source LLC
Chambersburg PA
CBHW031727210326
41599CB00018B/2540